バイオフィルムとその工業利用

兼松秀行
生貝　初
黒田大介
平井信充

米田出版

まえがき

　本書はバイオフィルムを工学的な観点から執筆した書である。バイオフィルムの本はすでに世に多く出ている。しかし、工学的な観点から書かれたものはそれほど多くない。工学（エンジニアリング）と科学（サイエンス）は、その現象が引き起こす日常の問題とのかかわり方で、大きくその性格を異にする。なぜなら、工学は日常の問題を解決するための学問であるからであり、この点において、真理の探究をその本質とする科学と大きく異なる。すでに述べたように、本書は工学的な観点から書かれたバイオフィルムの書である。それはとりもなおさず、バイオフィルムが引き起こす日常の問題、あるいは産業上の問題が本書の主眼となっていることを明確に示している。

　バイオフィルムは一言でいうと、"材料表面に形成される微生物由来の膜状物質"である。微生物と材料が環境の中で出会い、相互作用を起こし形成されるものであるといえる。書き始めてから脱稿まで数年を要した。それはそれで意味のあることでもあった。なぜなら、バイオフィルムは比較的"最近"になって提唱された概念であるからである。1970年代にCosterton博士が提唱したのが初めである。

　当初は細菌学においては全く受け入れられなかった考え方であったが、やがて次第にその重要性と革新性に人は気づくようになった。最初は細菌学、医学において取り扱われ、その後環境科学における研究対象となり、様々な学問と融合をはかりながら精選され、整理されて現在に至っている。しかし、未だ成長途上の学問分野であるということができる。そのため、執筆中にも次々新しい考え方が加わっていき、静的に捉えることのむずかしい学問対象であった。現在進行形の学問分野、しかも学際領域なのである。

　本書の著者らは皆、そもそもバイオフィルムを学問対象として出発した研究者ではなかった。その4人のいわば門外漢がなぜバイオフィルム研究に取

り組むようになったか、そして本書を執筆するに至ったか、簡単にいきさつをご紹介しようと思う。そのことによって、本書のバックグラウンドをよりよく理解できる一助になるかもしれない。

著者の一人である私、兼松は、1980年代の終わり、数年の大学院生活を名古屋大学で終え、ようやく博士論文を書き終えたばかりの若い材料工学の学徒の一人であった。海洋環境で使われるアルミニウム合金が、応力腐食割れという現象を引き起こすことに関心をもち、酸化還元反応を取り扱う電気化学の知識を応用して、なぜ応力腐食割れが起こるのか、そのメカニズムを思いついては没にする、といった試行錯誤を繰り返す毎日を送っていたのであったが、ある日上司で恩師の沖猛雄名古屋大学教授がそんな私の部屋にやってきて、赤い液体を提示した。"兼松君、これをごらん、中に細菌が入っているんだよ。鉄を酸化する力をもっているんだ。一緒にこれについて仕事をしないか？"。

これが私と細菌との学問上での出会いであったと思う。細菌の種類は *Thiobacillus ferroxidans*、鉄酸化細菌であった。そのときに恩師の沖先生と始めた仕事は結局実を結ばなかった。転勤の話が持ち上がり、私が名古屋大学を去らなければならなくなったからである。転勤先は大阪大学であった。ふるさとの大阪での生活は、全く名古屋での生活と一変し、変化についていくために精一杯の毎日であり、細菌のことは記憶の奥底にしまわれて数年が経過した。やがて時が経つうちに様々なことがあり、私は三重県にある鈴鹿工業高等専門学校に転勤して、高専の教員になっていた。

世紀がやがて変わろうとしている頃であったが、その頃に当時大阪大学接合科学研究所の教授であった菊地靖志先生から、"私の開催するシンポジウムに参加しないか"とお誘いをいただいた。参加してみるとそのシンポジウムは、菊地先生がリードしていた抗菌性材料の開発を目指した研究グループのシンポジウムであった。細菌と材料との問題にかかわった日々のことが記憶の底からよみがえってきた。縁とはこのようなものなのかもしれない。

ちょうどその頃鈴鹿高専の工業化学科（当時）で改組があり、基礎医学の研究者が採用されて赴任した。本書の共著者の一人、生貝初博士である。生貝博士は細菌学者であり、非常に磨かれたセンスと鋭い観察眼をもつ百戦錬

まえがき

磨の、優れたメディカルサイエンスの研究者であった。私との間で意気投合して仕事を一緒に始めるようになるまでに、それほど多くの年月はかからなかった。二人で取り組んだのが *Thiobacillus ferroxidans* によって引き起こされる材料の腐食現象の解明であった。微生物腐食という明確に材料工学の問題に関係する微生物のかかわる現象において、多くの材料科学的アプローチでは、生物学的知見が欠けている。そのために間違った結果すら導かれることがある。その点、生貝博士とのコンビでの仕事は、その危険性を回避し、お互いの分野での研究の場合には気づかなかった学際上の問題を拾い上げながら、成功裏に仕事を進めることを可能にしたということができる。

　私たち二人は、誰もそれまで気づかなかった材料と細菌の相関現象に夢中になっていた。そして 2005 年の終わりに *Electrochemical Stability of Hot Dip Galvanized Steel in an Acid Environment Cotaining Thiobacillus Ferroxidans.* と題した論文を英国の学会誌（Transactions of the Institute of Metal Finishing, 2005. **83**(4): pp.205-209.）に初めて載せることができたのであった。初めて沖猛雄先生のもとで微生物と材料とのかかわり合いについての研究を始めてから、16 年の歳月が流れていた。この論文が出る少し前、阪大の菊地先生から"バイオフィルムが微生物腐食に関与していると多くの人が指摘するようになっている"とご助言をいただいた。それでこの論文にはバイオフィルムの存在が指摘されている。それが私の、学問としてのバイオフィルムとの初めての出会いであったように思われる。

　さて、この論文執筆中に私は慢性硬膜下血腫という病を得て、入院し脳外科手術を受け、論文投稿してからしばらくのブランクがあった。その間、論文を掲載してくれた英国金属表面処理学会（現在は材料表面処理学会に改称）の編集委員長は、私の退院とカムバックを待ち続けてくれて、論文の処理は保留となっていた。退院後再度連絡を取り合い、査読、訂正などの処理を経て、この論文は日の目を見たのであった。こうしたいきさつから、私はこの論文は必然的に生まれたもの、と考えて強い愛着をもっている。

　実はこの論文を自ら査読して高く評価してくれたのは、英国金属表面処理学会の編集委員長その人であり、ポーツマス大学のバイオフィルムおよび微生物腐食の研究者、Sheelagh Campbell 博士であったのは幸運な偶然であった。

Campbell 博士は、2008 年神戸で開かれた海洋生物の付着に関する国際会議（ICMCF）においてセッションチェアーとして来日したが、その際に私は、招待講演を彼女のセッションですることになった。初めて直接お目にかかったCampbell 博士であったが、会議の後、立ち話で私に、"Cu-Ni 合金を開発して、研究室レベルではバイオフィルムをコントロールすることができたのだけれど、実際に海に沈めると、バイオフィルムができちゃうのよ、あなた何か別の合金を提案できないかしら？"と語ったのである。この言葉こそが、その後私を抗バイオフィルム材料の開発研究へと向かわせる大きな駆動力となった。こうして思い起こすと、バイオフィルム研究も、この論文を生み出したことも、大きな必然であったということができる。Campbell 博士も、また沖猛雄先生も今はこの世にいないが、生きていて本書の成立を目の当たりにしたら、何とおっしゃるであろうか？

しかし、必然はそこで決して留まることがなかった。私や生貝博士よりも若い世代に属する優秀な研究者が鈴鹿高専に赴任して、私たちと行動をともにするようになった。黒田大介博士は、わが国を代表する物質・材料研究機構から母校の鈴鹿高専に戻ってきた生体材料の研究者である。生体材料、あるいは構造材料で得られた知見をもとに、私たちの材料科学的・工学的アプローチを揺るぎない確実なものにするのに多大な貢献をした。特に海洋浸漬と腐食防食、構造材料の劣化などとの関係における検討が光っている。

さらに平井信充博士は、大阪大学から鈴鹿高専に赴任して、持ち前のバイタリティーと鋭い論理を用いて短期間のうちにバイオフィルム研究の前進になくてはならない存在となっている。特に AFM を用いた材料表面分析では世界先端の技術をもち、バイオフィルム評価への適用において、今後の大きな成果が期待されている。

この比較的若い世代に属する研究者が私たちのバイオフィルム研究に加わることにより、鈴鹿高専のバイオフィルム研究はさらに大きな広がりと厚みをもって展開することとなった。この二人の著者にも本書に加わってもらったことは、別の必然であるのかもしれない。

本書はこうして、私たち鈴鹿高専の 4 名のバイオフィルム研究者がそれぞれの立場で書き寄った形で成立している。そのそれぞれの担当については第

1 章に概観されているが、それぞれ得意とするフィールドについての記述を行っており、また現在も実際に取り組んでいる問題にかかわっている分野であるため、up-to-date の話題があげられている。その点において、ある種未来予測的な要素も含まれているかもしれない。

　本書は"必然の書"であると述べた。いくつかの必然から生み出されたものであることはすでに申し上げた。失礼を顧みず、最後に申し上げなければならない必然の主人公は、本書の完成を忍耐強く待ってもらった米田出版である。すでに述べたように、本書は取りかかりから完成まで数年を要した。それほど大部でもない本書が、これほどに時間がかかったのは、バイオフィルムの理解、アプローチがめまぐるしい勢いで展開されているからに他ならない。そのことを理解して、私たちの必然の書の誕生を暖かく待ち続けてくれた同出版社に感謝しながら、ここにこの書を皆様にお送りすることを、大きな喜びとしたい。

　著者を代表して
　平成 27 年 1 月 5 日

兼松秀行

目　　次

まえがき

第1章　はじめに………………………………………（兼松秀行）……*1*
　参考文献　*8*

第2章　バイオフィルムの基礎………………………………（生貝　初）……*9*
　2.1　バイオフィルムの形成と崩壊　*9*
　　2.1.1　バイオフィルムの形成　*10*
　　2.1.2　バイオフィルムの構造　*13*
　　2.1.3　集団で組織する微生物の戦略　*15*
　　2.1.4　微生物の固体表面に対する固着性の意味　*17*
　2.2　バイオフィルムとクオラムセンシング　*19*
　　2.2.1　クオラムセンシング　*19*
　　2.2.2　オートインデューサー　*20*
　　2.2.3　クオラムセンシングとバイオフィルムの密接な関係　*20*
　2.3　バイオフィルムと病気　*21*
　参考文献　*23*

第3章　生物付着………………………………………（黒田大介）……*25*
　3.1　生物付着とは　*25*
　3.2　ミクロ付着とバイオフィルム　*29*
　3.3　微生物腐食と材料　*36*
　3.4　生体材料とバイオフィルム　*43*
　3.5　マクロ付着と汚損　*49*
　参考文献　*53*

第4章 バイオフィルムを使った環境修復技術……（兼松秀行）……57

4.1 はじめに 57
4.2 環境修復プロセスにおけるバイオフィルムの役割 58
4.3 バイオフィルムによる環境修復技術の分類 59
   4.3.1 原位置浄化法 60
   4.3.2 施設外環境修復技術（ex situ bioremediation） 61
4.4 バイオフィルムを用いた金属元素などの除去 62
4.5 バイオフィルムの形成と有害金属元素除去の可能性 63
   4.5.1 クロム 64
   4.5.2 銅 66
   4.5.3 亜鉛 67
   4.5.4 カドミウム 68
   4.5.5 アクチノイド系元素 69
   4.5.6 ヒ素 69
参考文献 71

第5章 エネルギーとバイオフィルム……（平井信充）……73

5.1 はじめに～エネルギー問題とバイオ技術の応用～ 73
5.2 燃料電池 74
5.3 微生物燃料電池（microbial fuel cells；MFC） 75
5.4 堆積物微生物燃料電池（sediment MFC） 78
5.5 光微生物燃料電池（photo MFC） 79
5.6 将来展望 82
参考文献 82

第6章 医療機器材料のバイオフィルム……（兼松秀行）……85

6.1 はじめに 85
6.2 バイオフィルム中の細菌と浮遊細菌の違い 87
6.3 抗生物質に対するバイオフィルム中細菌の応答 91
6.4 各種医療機器材料 92

6.5　バイオフィルム評価法　*95*
　　6.5.1　生物学的手法　*95*
　　6.5.2　機器分析　*98*
6.6　医療機器材料のバイオフィルム対策　*105*
参考文献　*106*

第7章　材料表面の汚れとバイオフィルム－EPSを中心として－
　……………………………………………………（兼松秀行）……*107*

7.1　汚れとは　*107*
7.2　一般的な汚れの分類　*108*
7.3　バイオフィルムと汚れの関係　*109*
7.4　EPSについて　*110*
7.5　工業材料の汚れとバイオフィルム　*117*
参考文献　*124*

第8章　新しいバイオフィルムの評価法－将来に向けて－
　……………………………………………………（兼松秀行）……*127*

8.1　はじめに　*127*
8.2　染色について　*127*
8.3　光学顕微鏡　*130*
8.4　蛍光顕微鏡　*133*
8.5　共焦点レーザ顕微鏡　*133*
8.6　光学顕微鏡を使った3Dイメージング　*135*
8.7　走査型電子顕微鏡（SEM-EDX）　*136*
8.8　透過型電子顕微鏡（TEM）　*137*
8.9　原子間力顕微鏡（AFM）　*138*
8.10　遺伝子解析（群集解析）　*139*
8.11　可視紫外分光法（UV-VIS）　*142*
8.12　質量分析の利用　*142*
8.13　白色干渉計　*144*

8.14　赤外分光法（FT-IR 法）　*145*

  8.15　ラマン分光法　*145*

  8.16　NMR（核磁気共鳴）法　*146*

  参考文献　*148*

あとがき
事項索引

第 1 章　はじめに

　私たち人類が地球上に初めて姿を現したのは、20 万年前といわれる。それすら気の遠くなるような遥か昔であるが、それよりもさかのぼること、数十億年前、地球が誕生して 6 億年経った頃、原始の海で生命は誕生したといわれる。当初の生命体はどのようなものであったのだろうか。やがて 36 億年前ぐらいに細胞をもった生物が現れ、古細菌、真正細菌に分岐して、真核生物が誕生したという、3 ドメイン系統樹が提唱され、広く認められている（図 1.1）。このようなドメイン系統樹は、1970 年代から遺伝子解析などを取り入れた分子生物学の大きな発展によって初めて可能となった。同時に同じ頃、バイオフィルムの発見あるいは提唱がなされ、細菌のありようについての私たちのイメージが大きく変わることとなった。

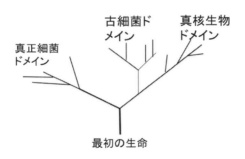

図 1.1　ドメイン系統樹

　バイオフィルムは、古細菌、真正細菌の区別なく、材料表面にこれら微生物の作用によって形成される粘着性の薄い膜である。膜といっても均一なものでなく、凹凸のある、キノコ状、あるいはタワー状の不均質な薄膜である。高さはナノオーダーからマイクロオーダー、あるいはミリメーターオーダー

と、その発達状況に応じて変化する。図 1.2 は緑膿菌というバイオフィルムを形成しやすいことで知られている細菌を使って、鋼の一つである炭素鋼上にバイオフィルムを形成させたものである。このように、不均一な高さでほぼ数 μm 程度のタワー状のバイオフィルムが形成されるのが、光学顕微鏡を使って観察することができる。

SS400鋼板表面で形成された緑膿菌の
バイオフィルムとその可視化

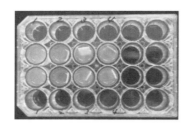

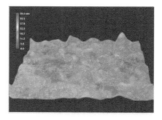

図1.2　光学顕微鏡で見た緑膿菌バイオフィルム[1]（鈴鹿工業高等専門学校　生貝初博士提供）

バイオフィルムは材料表面に細菌の活動によって形成される、不均一な膜状物質である。私たち人類は1970年代に入るまで、細菌は一般的に、空中や水中などに単独で漂っているものと理解していた。このような細菌を浮遊細菌と呼ぶ。17世紀終わりに微生物学の父、Leeuwenhoek（1632-1723）が自らの強い好奇心から、自作の顕微鏡を使って池の水を観察し、そこで奇妙に動き回る物体を発見したが、これが浮遊細菌であったと想像される。Leeuwenhoek は浮遊細菌だけでなく、実はバイオフィルム中の細菌も見つけていた。彼自身の歯から歯垢をこすりとり、そこに存在するバイオフィルム細菌を観察したのであった。しかし、浮遊細菌とバイオフィルム細菌の違い

については、明確に意識しなかった。この問題は表舞台から遠ざけられ、William Costerton（1934-2012）が1970年代にバイオフィルムの概念を掲げて登場するまで未解決のままで細菌学の発展にかかわらないまま時が経過することとなった。

　一方、細菌学はKoch（1843-1910）、Pasteur（1822-1895）が現れ、生命の自然発生説の否定、細菌の培養法の確立、種々の病原体の発見や殺菌法の開発など数多くの感染症対策がなされ、近代細菌学がその後大きく花開いていくことになった。しかし、二大巨星の業績とその影響力が大きなものであったため、その分余計に、バイオフィルム細菌の存在形態については振り返られることがなくなった感があった。実際のところ、培養可能な細菌はこの世に存在するありとあらゆる微生物の中でほんの数パーセントといわれていることを考えると、大きな問題が未解決のまま歴史の彼方に追いやられたかのようであった。

　やがて時がたち、激動の20世紀になった。20世紀は不調和と争いの時代であったかもしれない。二度の大きな世界大戦を人類は経験することとなった。二度目の悲惨な戦争が終わって、30年ほど経過した1970年代にカナダの細菌学者であったWilliam Costerton（前述）がバイオフィルムの概念を提唱することとなった。彼は細菌の常態はKochやPasteurが開祖となった近代細菌学者の多くが信じていたような浮遊細菌ではなく、むしろバイオフィルム細菌であること、そしてバイオフィルム中で細菌を取り囲んでいる細胞外重合物質（extracelllular polymeric subustance、EPS）が抗生物質などの効果を弱める作用をしているために、細菌の安定した生存を可能にしていることなどを突き止めた。

　Costertonは当初カナダの複数の大学で勤務し研究を続けていたが、1993年に米国のモンタナ州立大学から招かれ、そこでバイオフィルム研究センターを率いることになり、バイオフィルム研究は大発展を遂げることになった。その後Costertonは南カリフォルニア大学歯学部に移り、バイオフィルム研究を続けて、2012年に惜しまれつつもこの世を去ったが、その研究生活のほとんどをバイオフィルムの研究に捧げ、バイオフィルムの父と呼ばれている。

　バイオフィルム細菌は実は細菌の常態であると述べたが、一体どのように

してバイオフィルムは形成され、そして浮遊細菌とどのように関係があるのであろうか？ 図 1.3 をご覧いただきたい。浮遊細菌は水中あるいは空中にその多くが漂っている。しかし、ほとんどの場合が飢餓状態にあるといってよい。生存のために栄養を求めているのであるが、栄養分であるところの炭素化合物は一般に材料表面に吸着して存在している。この吸着層はしばしばコンディショニングフィルムと呼ばれる。このコンディショニングフィルムを求めて細菌が移動し（走化性）、材料表面に吸着し、細胞間の密度認知機構（クオラムセンシング）を使って、ある一定の細胞数になると一斉に細胞外多糖を排出してバイオフィルムが形成される。

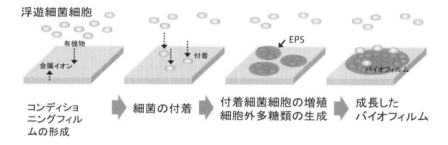

図 1.3 バイオフィルム形成の概要[2]

バイオフィルムは Costerton を中心として世界中で多くの研究者が取り組むトピックとなったが、その背景には細菌学におけるいくつかの革新的技術の発展が追い風となったことは疑いもない事実である。そのうちの一つが、群集解析と呼ばれる環境微生物の多様性解析技術の進展とこれに連動する分子系統学の発展である。16s rRNA 系統解析によって、それまでの純粋培養技術では 1%程度しか存在を同定できなかった原核生物や古細菌のような微生物の存在常態とその挙動を、ある程度推定できるようになったのである[3]。これによって培養不可能な細菌を分析評価できるようになったことがバイオフィルム研究にとって一番大きなことではなかったかと思われる。バイオフィルムの父、Costerton もあるところで述べているが、彼の指導のもとで、従来の培養技術を使うことなしに細菌学の分野で博士号を取得した研究者たち

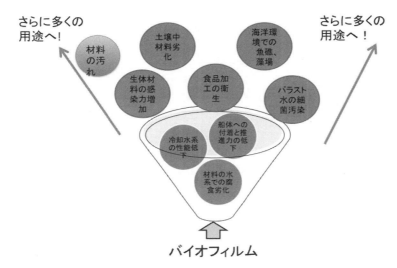

図 1.4　バイオフィルムがかかわる工業上の問題[4]

を輩出するようになったのであった。

　さて、工業的に見たときバイオフィルムはいかなる問題を投げかけているのであろうか？　そして工業上のバイオフィルムの問題解決は何をもたらすのであろうか？　図 1.4 にバイオフィルムが関係する工業上の問題を示す。腐食劣化にかかわるバイオファウリング（生物付着あるいは生物汚損）はかなり古くから知られてきたが、未だ解決できない大きな経済損失を伴う工業上の問題である。海岸に多数設置された発電所や工場は海水を取り込み利用することが多く、生物付着による材料の機能の低下に悩まされているが、この対策はバイオフィルムの新しい制御法の開発によって大きく前進するであろう。また、海水のみでなく通常の浄水や地下水を用いた冷却水内壁のスケールも古くから問題となってきているが、これもバイオフィルム形成にそもそもの発端がある。この問題の解決にはバイオフィルムへの理解と対策が避けて通れないのではないかと考える。

　船に付着する牡蠣、フジツボは船の推進力を大きく低下させる。その昔、日本海海戦時にロシアのバルチック艦隊は、長い航海の末、バイオファウリングによってその速度と航行能力が大きく低下しており、それが史上まれに

見る日本海軍の圧倒的勝利につながったともいわれている。この例に待たず、船の推進力低下は、機能低下とともにメインテナンスの必要性も含めて大きな経済損失をもたらすことはいうまでもない。これに加えて、近年海事に関する条約が改正され、船のバラスト水による微生物も含めた異種の生物の拡散が問題となり、これらの殺菌や除菌が大きな問題となっているが、バイオフィルムが関連機器の材料に付着して、薬剤の対策をかいくぐり、微生物の拡散に寄与する可能性があり、対策をとる必要がある。これも工業上の問題であろう。

また、もともと細菌が作り出すバイオフィルムであるため、これが医療現場や食品加工分野における感染症、衛生の問題につながることはいうまでもなく、これに対する対策はまさに工業上の1大問題である。ところで、近年になって海洋資源の開発ではこうした負の側面のみでなく、例えば海洋に浸漬する藻場、魚礁についてはむしろバイオフィルムが形成されるほうが好都合であり、そのためには積極的な制御が行える材料開発が望まれている。さらに、これは筆者らが提案していることであるが、材料表面の汚れがバイオフィルムによって固着される問題は、急速に成長するタッチパネルなどの市場に大きな影響を与えるであろう。

こうしたすべての問題は、細菌と材料とのかかわり合いから発生する工業上の問題であり、材料科学の視点が導入されて初めて解決に向けて前進すると筆者らは信じている。このような観点から、材料科学的な視点でバイオフィルムを理解することが是非にも必要なことである。

上述のすべての問題を本書において述べることは紙面の都合上不可能であるが、そのうちのいくつか代表的なものについてピックアップしてその現状を紹介することが本書の目的である。

序章である本章に続く第2章では、バイオフィルムに関する細菌学的なバックグラウンドを概説する。バイオフィルムの構成・構造、クオラムセンシングと呼ばれる細菌間コミュニケーションのこと、また生物汚損(ファウリング)、固着といった問題を細菌学の観点から説明する。この章は細菌学者の生貝が執筆を担当した。

第3章では、生物付着を取り上げている。生物付着は特に微視的なスケー

ルでは微生物が材料表面に付着する現象、あるいはプロセスである。一方、バイオフィルムといったとき、これは生物付着という現象を通して微生物や、それが産生する細胞外重合物質（EPS）などを含めた集合体を表す用語である。この点を第3章では明らかにしたうえで、微生物付着、バイオフィルム形成などのプロセスを一般的に解説し、代表的な事例としての微生物腐食を解説する。また、人体の内部に挿入するインプラントや人工関節などのバイオマテリアルと微生物付着の関係、さらにはより大型の生物であるフジツボや牡蠣の付着による海洋構造物の劣化などについて述べる。この章は黒田が担当して執筆した。

　第4章は、バイオフィルムを使った環境修復技術について解説する。バイオフィルムは細菌が作り出すものであるが、その際に形成されるEPSが毒性のある物質を吸収したり、還元したりして、その毒性を弱める作用を示すことが多い。これに注目して環境修復、土壌改良などができる可能性がある。このような環境問題に関連する修復技術への応用について述べる。この章は兼松が担当した。

　第5章は、将来の環境エネルギー分野において再生可能エネルギー源として期待されている燃料電池におけるバイオフィルム利用の話題を紹介している。この章の執筆担当は平井である。

　第6章では、医療現場において問題となる感染症とバイオフィルムの関係を紹介している。様々な医療設備を構成する各種材料を介してバイオフィルム細菌が院内感染を引き起こす。これがなぜ問題となるのか、どのようにこれを評価した対策をたてればよいかを解説している。この章の担当は兼松である。

　第7章は、材料表面の汚れとバイオフィルムの関係を述べている。特に現在進行形で、筆者らが検討を進めている、材料表面の汚れについて解説している。様々な意味でのクリーンな表面を創製することが、ますます高度化する素材産業とその上に形成される各種工業プロセスにとって極めて重要であることはいうまでもない。それにバイオフィルムが大きくかかわっていることをご理解いただき、本書が読者諸氏のこの分野へのご参加の一つのきっかけになればと願って加えた。この章は兼松が担当した。

第8章は、バイオフィルムの分析評価解析についての様々な手法の説明を、生物学的観点および材料工学的観点から加えた。特に後者は筆者らの開発テーマであるために、そちらに力点を置いた記述となっている。それらは筆者ら自身によって開発された独自のものが多くあり、この点において他にあまり類を見ない書であると自負している。この章は兼松が担当した。

　以上からおわかりいただけるように、本書はバイオフィルムを工業への利用という観点からまとめあげたものであるが、バイオフィルムの本質上、細菌と材料とのかかわり合いから発生する工業上の問題であり、材料科学の視点から主として書かれている。バイオフィルムはまだまだ発展途上の学問領域であるとはいえ、すでに医学的な観点あるいは環境学的な観点から書かれたバイオフィルムの本は極めて多い。それでもなお、材料科学の視点から書かれた著作はそれほど多くなく、この点において、本書がなお一層のバイオフィルムの理解と工業上の諸問題へのアプローチに役立つものとなることを願っている。

参考文献

[1] 鈴鹿高専生貝初博士のいくつかの研究結果・講演原稿より集成
[2] 黒田大介博士のいくつかの研究結果・講演原稿より集成
[3] 兼松秀行，生物と金属の界面を科学する-環境の中でとらえる金属材料プロセス-，共晶 2011. p.58-60.
[4] 生貝初，兼松秀行，材料が発現する抗菌性のメカニズムと抗感染性，バイオマテリアル，2011. **29**(4): p.232-239.

第 2 章　バイオフィルムの基礎

2.1　バイオフィルムの形成と崩壊

　バイオフィルムはフィルム状の高分子化合物からできた構造物の中に生息する微生物集団のことである。個々の細菌の構造や性質が少しずつ明らかになりつつあった 19 世紀半ばの黎明期からほぼ 150 年経過した今、ようやくバイオフィルムの構造や性質、形成機構、存在意義などが解明されようとしている。およそ 400 年前に顕微鏡で初めて微生物を観察した Leeuwenhoek がバイオフィルムの一種である歯垢の中に微生物がいることを報告してから、実に数世紀にわたってバイオフィルムが理解されずにいたことは驚くべきことである[1]。

　バイオフィルムの細菌学的な認識と定義は 1970 年代から始まるといわれているが、それ以前に二つの重要な報告がある。一つは、1943 年に米国のカリフォルニア大学の G.E. Zobell が、海洋細菌は海中にある固体表面に集団で付着（固着）し栄養を獲得することを報告した[2]。もう一つは、英国のエジンバラ大学の J.F. Willkinson による菌体外に分泌された多糖体の働きに関する詳細な報告である[3]。これらの論文はバイオフィルム研究の礎となる先行研究として位置づけられる。

　1970 年代も半ばになり、ようやく細菌が固体に付着する際に特殊な構造を形成することに気がついたのは、オーストラリアのニューサウスウェールズ大学の K.C. Marshall である。彼は、1976 年に細菌が基板上に付着する際、細胞外へ極めて薄い重合物質を産生していることを報告した[4]。1978 年に米国のモンタナ州立大学の J.W. Costerton が、固着細菌を被う物質が多糖体であることを明らかにした[5]。その後数多くの研究が行われ、1987 年に Costerton が固体に付着し集団で増殖するフィルム状の細菌をバイオフィルムと呼び、

単一細菌と微小細菌集団から構成されたものであることを初めて論文に記し、浮遊しながら増殖している細菌群とバイオフィルムを区別した[6]。

2.1.1 バイオフィルムの形成

水中に長期間浸されていた様々な固体表面をよく観察してみると、水中の汚れが付着していることがある。この汚れのほとんどは多糖類やDNA、タンパク質などの粘着性高分子から形成されたバイオフィルムに微小な汚れが付着したものである。

バイオフィルムは地球上の生物のうち80～90％を占める細菌や真菌などの微生物から形成されているだけでなく、これらを捕食する原虫やさらに大型の水生生物である藻類もバイオフィルムの上を被っていることが、湖沼・川・汽水・海などに建てられた橋げたや建物などの人工構造物や自然の岩石、また流れ落ちる滝の水に打たれる岩の表面にさえ観察できる。つまり地球上のあらゆるところで、微生物はバイオフィルムを形成し生き続けているのである。

また、私たちの身近なところでもバイオフィルムは形成されている。例えば、台所のシンクや浴室の床、排水パイプの内壁、エアコンの中やその排水ダクト、住宅の裏庭の地上部に近い建物の表層部など、水中だけでなく湿ったところであれば、硬い構造物の表面を足場にして至る所にバイオフィルムは形成されている。

私たちの身体の中にもバイオフィルムは形成されている。口腔内、歯の表面や歯と組織の間にある歯周ポケット内の歯垢や舌の表面にみられる舌苔はバイオフィルムである。鼻腔や気道、腸管の中に生息している常在菌叢の多くはバイオフィルムを形成していると考えられている。さらに、副鼻腔や気道、尿路、膀胱などで細菌性の慢性疾患を引き起こしている場合、その病巣部は病気の原因である細菌のバイオフィルムが形成されていることが多い[7]。その他、治療目的や各種器官の機能を補助するために生体内に留置された医療用デバイス（義歯・人工心臓弁・縫合糸・眼内レンズ・コンタクトレンズ、人工血管・人工心臓・ペースメーカー・ステント・人工尿管・人工関節・人工股関節など）の表面にもバイオフィルムの形成がみられ、これによ

第 2 章　バイオフィルムの基礎

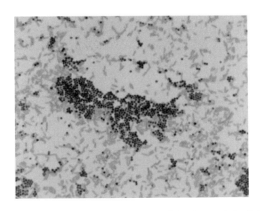

図 2.1　色素で可視化した細菌。グラム染色した黄色ブドウ球菌（黒色。実際は赤紫色）と大腸菌（灰色。実際は赤色）を光学顕微鏡（倍率：1,000 倍）で観察した。

って炎症を引き起こすことが知られている。バイオフィルムの性質の一つとして抗生物質に対する抵抗性があるため、人間に形成されたバイオフィルムは根治の難しい慢性的な感染症になる傾向がある。

　細菌を試験管の中で培養（25～35℃ぐらいの温度）すると、一晩で 1 ml 当り 10^8 個ぐらいの菌数に達する。培養した菌液の一部を採り、細菌を色素で染めて 400～1,000 倍程度の光学顕微鏡で観察すると、棒状（桿菌）や球状（球菌）の形をした細菌が見える（図 2.1）。ところが、この培養液の中にガラス板やプラスチック片、金属片を立てかけておき、一晩培養後、緩衝液や水でその試験片の表面を軽くすすぎ、細菌を染色する色素（クリスタルバイオレットをよく用いる）に 1 時間程度漬け置き、その後水でよく洗浄してみると、表面全体がクリスタルバイオレットで染色されている。一方、コントロールとして細菌を接種せずに培地に漬けておいた試験片の表面はクリスタルバイオレットで染色されていない。

　クリスタルバイオレットは細菌の細胞質を染める性質があるので、無機物である試験片の表面が紺色に染まった理由はそこに細菌が付着していることを示している（図 2.2）。さらに、この表面を共焦点レーザ顕微鏡や電子顕微鏡などで詳細に観察してみると、細菌が付着していることが可視化できる（図

図 2.2 バイオフィルムの可視化。バイオフィルムはクリスタルバイオレットで染色すると、容易に観察できる。試料は炭素鋼（SS400、サイズ 1 cm×1 cm）表面に緑膿菌 PAO1 のバイオフォルムを形成させたものである。

図 2.3 走査型共焦点レーザ顕微鏡を用いたバイオフィルムの可視化。炭素鋼（SS400）表面に形成された緑膿菌のバイオフィルムをクリスタルバイオレットで染色し、走査型共焦点レーザ顕微鏡を用いて観察した。

第 2 章　バイオフィルムの基礎

図 2.4 バイオフィルムの超微細構造。炭素鋼（SS400）試験片を浸漬した普通ブイヨン培地に緑膿菌 PAO1 を接種し、35℃、48 時間培養した。SS400 を引き揚げ、リン酸緩衝液で洗浄後、超臨界二酸化炭素処理で試料を乾燥させ、走査型電子顕微鏡で観察した。

2.3、2.4）。

　培地の中を浮遊している細菌は浮遊細胞（planktonic cells）、バイオフィルムを形成している細菌は、固体表面に付着しているので固着細胞（sessile cells）と呼ばれる。図 2.4 に示されるようにバイオフィルムの中に多くの細菌が存在し、これらの一部がバイオフィルムから水環境中への離合集散を繰り返しながら増殖し、バイオフィルムの範囲を拡大していく。浮遊細胞と固着細胞は同じ細菌であるが、それぞれの役割を担うために特定の遺伝子の発現がみられる（後述、2.2.1 クオラムセンシング参照）。

2.1.2　バイオフィルムの構造

　環境中や実験室の試験管内の液体培地・シャーレ内の寒天培地に形成された様々な細菌のバイオフィルムの微細構造は200〜2,000倍の倍率にした光学顕微鏡（図 2.2）や、共焦点レーザ顕微鏡（図 2.3）、電子顕微鏡（図 2.4）、蛍光顕微鏡（図 2.5）で調べることができる。図 2.6 に現在最も信頼されているバイオフィルムの動的構造モデルを示した。

　環境中のバイオフィルムは単一細菌から形成されているのではなく、混合

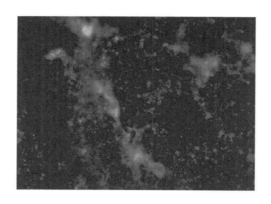

図 2.5 蛍光顕微鏡を用いた緑膿菌バイオフィルムの観察。炭素鋼（SS400）を浸漬した普通ブイヨン培地に緑膿菌 PAO1 を接種し、35℃、48 時間培養した。SS400 を引き揚げ、リン酸緩衝液で洗浄後、抗緑膿菌抗体をバイオフィルムに結合させ、さらにローダミンを結合させた二次抗体で処理し蛍光顕微鏡で観察した。白いところ（実際は赤く染まっている）がバイオフィルムである。

微生物の集団が細胞外重合物質（extracellular polymeric substances、EPS）から作られた構造体の中で増殖している。特徴として水チャネルが細菌の増殖する構造体の中に整然と作られていることや微小コロニーと呼ばれるバイオフィルム形成細菌のサブ集団が存在することが挙げられる。微生物の棲家となる EPS の成分は、多糖類やタンパク質、DNA、脂質などである。その他、種々の金属イオンが吸着している。

基本的イメージは、細菌などの微生物が EPS に取り囲まれていると考えてよいと思う（図 2.6）。この EPS はクオラムセンシングという機構が働くと細菌から合成、分泌される成分である。バイオフィルムはマクロレベルでは平坦なフィルム状の構造体であるが、ミクロレベルで観察すると凹凸に富んだ構造をしている。実験室で形成させたバイオフィルムの厚さはどのくらいなのであろうか。最も研究が行われている緑膿菌のバイオフィルムでは平均 33 µm と測定されている[9]。筆者らも金属メッキ表面に形成させたバイオフィルムのいろいろな箇所を測定してみたところ、13.3〜60.0 µm ぐらいの範囲にあり、おそらくバイオフィルムの厚さは平坦ではなく起伏に富んでいるこ

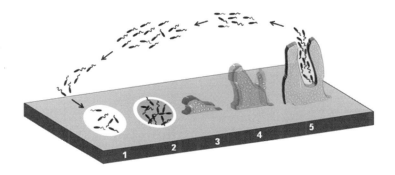

図 2.6 動的なバイオフィルム形成モデル。浮遊細菌は 1 から 5 までの段階を経ながらバイオフィルムを形成する。1；コンディショニングフィルム（CF）に吸着、2；増殖、3；EPS の産生・バイオフィルム形成菌の出現・微小コロニーの形成、4；バイオフィルムの成長、5；バイオフィルムが成熟した後、バイオフィルムを形成する一部の細菌が浮遊細菌として放出される。文献[8]から一部を改変して転載。

とがこの結果からも推定できた（図 2.3）。ここでバイオフィルムの構造を観察した緑膿菌は、アルギン酸という多糖体を大量に EPS として産生し、凹凸のある三次元構造を形成している。

2.1.3 集団で組織する微生物の戦略

バイオフィルムは単一菌種から形成されているのではなく、様々な菌種が混在している状態にある[10]。このような雑多な状態をバイオフィルムの中に作ることによって、栄養源となる有機物や無機物を、迅速にそして高濃度・高効率に細菌同士が補完しあうことができる。また、環境中に存在する外的要因によって引き起こされる様々なストレス応答やクオラムセンシングという複雑で巧妙な生化学反応を行うためにも複数の菌種が存在しているほうが有利になる。

細菌がバイオフィルムという集団を形成することは、環境中に拡散している希薄な栄養成分を効率よく獲得するためだけでなく、環境中から送られてくる各種ストレスから逃れるためにも都合がよい。まず、バイオフィルムの構造は捕食者からの脅威を防ぐバリヤーになっていることである。自然界に

おけるバイオフィルムは食物連鎖の一部に組み入れられ、より大型の捕食者に狙われ真核細胞集団を含む大きな生物集団を形成しているが、図 2.6 の 3 に示すようなバイオフィルムのサブ構造である微小コロニーは細菌を食べるアメーバやバクテリオファージが侵入できないような超微細形状になっている [1,3]。

2 番目に、細菌が抗生物質の作用から逃れるためにバイオフィルムの構造は重要である。試験管の中で抗生物質に抗菌されやすく耐性菌でもない細菌によって感染症に罹っている患者に対し抗生物質を使用すると、さほど思ったような効果がなく慢性の感染症を引き起こすことがよく知られている。ヒトに感染する病原菌を殺菌したり増殖を停止させたりするために必要な抗生物質の濃度は、浮遊細菌に比べてバイオフィルムの中で増殖する細菌のほうが、およそ 10 倍から 1,000 倍も高いことが明らかにされている[10]。

バイオフィルムには抗生物質に対して抵抗する機構が複数あることが知られている[7]。多糖体やタンパク質などの高分子で作られているバイオフィルムは、抗生物質がバイオフィルムの中で生きている細菌まで達するのを防いでいる[11]。この抗生物質に対する抵抗性はグラム陽性、グラム陰性にかかわらず、ほとんどの細菌に共通してみられる [10]。他にバイオフィルムの中に住む細菌の増殖する速さを浮遊細胞よりも低下させ、抗生物質の取り込みや細菌細胞内での作用を遅らせることによって実質的に抵抗力が増すことも知られている[12]。また、栄養成分の枯渇や代謝物質の蓄積、酸素分圧の低下など細菌の代謝条件が悪化してくると、細菌はこれらのストレスから逃れるために種々の遺伝子の発現を制御するストレス応答性レギュレータ *rpoS* 遺伝子を活性化させる[13]。その結果、抗生物質の取り込みが低下するようになり抗生物質が効かなくなる。

一方、人間は抗生物質を使用しなくても免疫力によって細菌の攻撃を防いでいるが、バイオフィルムに対してあまり効果がない。その理由は、最表層のバイオフィルム構成成分である多糖体に抗体は結合できるが、バイオフィルムの中で増殖する細菌に対して抗体は結合することが難しいからである。さらに多糖体に抗体が結合すると多形核白血球などの食細胞が活性化されてタンパク分解酵素が放出される。これによって細菌を殺すはずであった酵素

が生体組織に作用し炎症を起こすようになる。その結果、免疫効果が弱まるため、バイオフィルムを拡大させることになり感染症の慢性化を引き起こすことになる[7]。

2.1.4 微生物の固体表面に対する固着性の意味

　固体（基板）の表面で増殖する生物の性質を固着性という。光合成を行う植物や藻類などでは動き回って栄養を獲得する必要がないので、大量のエネルギーを使う運動性を捨て、光エネルギーを獲得しやすい形態へ変化してきた。一方、細菌などの単細胞生物において固着はどのようなメリットがあるのであろうか。結論から先に述べると、微生物は動物のような栄養豊富な生物に寄生しない限り、貧栄養の水中でしか生き続けることができない。多くの細菌はこの貧栄養条件下の水中で少しでも栄養の獲得を容易にするために、浮遊細胞とバイオフィルム形成細胞の二つの形態を交互に変えながら増殖していく道を選んだ。

　近年、微生物、特に細菌の固着性に関係する細胞表層器官の構造や機能が分子レベルで詳しく解明されてきた（図 2.7）。例えば、鞭毛は栄養を獲得するとき、栄養成分の濃度が高いほうへ移動する際に使われる。これを走化性（ケモタキシス）という。細菌だけでなく我々のような高等生物の免疫細胞や神経細胞にもケモタキシスがあり、体液中に拡散している化学物質の濃度勾配を検知し濃度の高いほうへ細胞は移動したりあるいは危険物質（忌避物質）であれば濃度が低いほうへ避難するために使われ、生体内での様々な反応を高めたり弱めたりする。ケモタキシスを行う運動因子である鞭毛は固着（定着）因子としても作用する。さらに細菌の表層にある線毛やタイコ酸、膜タンパク質も定着因子として働いている。

　運動性因子と定着因子はバイオフィルムを形成する細菌にどのように使われているのであろうか。運動性因子は水中に溶解している栄養物質、グルコースなどの利用できる炭水化物やアミノ酸があれば、そこへ移動するために使われる。特に図 2.6 に示すような栄養物質の固体表面への吸着（コンディショニングフィルム、CF）がある場合、細菌はそこを目指す。さらに定着因子は一時的にせよ固体へ吸着し、栄養を安定して吸い上げる足場を確保する

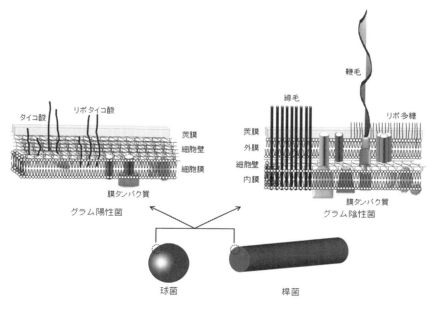

図 2.7　細菌の表層構造

ために必要になる。また、バイオフィルムによって被われた部分は嫌気性になる。これによってバイオフィルムの下に偏性嫌気性菌がいれば、酸素がほとんどない雰囲気が作られるので増殖も可能になり、細菌の種類を増やしていくこともできる。

　浮遊細菌からバイオフィルムの形成、さらに一部のバイオフィルムを形成する菌はバイオフィルム本体から遊離し、浮遊細菌へ再び戻ることがわかっている（図 2.6、ステージ 5）。なぜ戻らなければならないのだろうか。至って簡単な理由がある。つまり、物理的な力がバイオフィルムの最表層部に働くためである。バイオフィルムの最表層部部分は常に不安定でゆらゆらと動き、水流のような機械的な力によっていつでもバイオフィルム本体から離れていく運命にある。したがって、バイオフィルムの塊はバイオフィルムの形を崩し、浮遊細菌に戻り、再びこの細菌がバイオフィルムを形成する細胞になる。この浮遊細菌からバイオフィルム、そして再び浮遊細菌へ変化してい

第 2 章　バイオフィルムの基礎　　**19**

くループは、バイオフィルム形成細菌にとって仲間を増やす有効な手段となっていると考えられる。また、バイオフィルムの剥離現象は外部からの物理的な力を利用する以外に、バイオフィルムを分解する酵素やバイオフィルムの塊を遊離するシグナル分子が働いているようである[1]。

　細菌はバイオフィルムの形成によって浮遊しているときよりも自己増殖しやすくなるメリットがある一方で、集団化によって浮遊細菌のように自由に動けないというデメリットを背負い込むことになった。これが一見ふらふらしながら剥離していくバイオフィルムの小さな塊に秘められた戦略的移動手段であると考えられる。バイオフィルム表面の部分的剥離はバイオフィルムを形成する細菌から出される信号によって制御され、この信号を出す機構は環境因子によって影響を受けている。

2.2　バイオフィルムとクオラムセンシング

2.2.1　クオラムセンシング

　細菌は水環境中で分裂を繰り返しながら単に増え続けているだけのようにみえるが、実際は自己の生存に有利になるように周囲で一緒に生きている同種の細菌と化学物質を用いてコミュニケーションを取り合っている。このような現象が学問的に研究されるようになったのは 1960 年代後半からである[14]。1994 年に Fuqua らがクオラムセンシング（quorum sensing）という言葉を使って化学物質を介した細菌同士の情報のやりとりがあり、細菌の増殖に極めて重要なシステムであることを次のようにわかりやすく定義した[15]。

　すなわち、細菌は水環境中で増殖するが、ある程度の数（クオラムセンシングによって制御されている海洋性発光細菌 *Vibrio fischeri* の生物発光の引き金となるオートインデューサーが蓄えられるのに 10^7 個/ml 以上の数が必要になる[16]）に達すると、栄養の枯渇や周囲にばらまいた代謝産物が自分たちの増殖に悪影響を及ぼすので、このような状況から脱却し恒常的に増殖していくために代謝を変化させる自己誘導因子（オートインデューサー）と呼ばれる低分子の物質を合成し菌体外に分泌する。

　このオートインデューサーの濃度を感知し、今後細菌がどのように増殖し

ていくかを決めるために働くタンパク質などの生体高分子の合成を制御する生理反応をクオラムセンシングという。つまり、細菌が増殖しオートインデューサーがある一定濃度に達すると、細菌は自らの増殖を促進させるために働くタンパク質を合成し、生物発光・バイオフィルムの形成・毒素や酵素などの病原因子の産生・抗生物質産生・胞子形成・線毛を介した接合によるプラスミド DNA の伝達・バクテリオシンの産生など、多くの生理活動を始めるようになる[17]。

2.2.2　オートインデューサー

クオラムセンシングは多くのグラム陰性菌やグラム陽性菌の細胞同士の情報伝達に広く用いられている。*V. fischeri* の生物発光のオートインデューサーがホモセリンラクトンにアシル鎖が結合したアシルホモセリンラクトン（AHL）の一種、*N*-(3-oxohexanoyl) homoserine lactone であることが 1981 年に Everhard らによって最初に同定された[18]。このオートインデューサーは *lux* オペロンという遺伝子群の *luxI* 遺伝子がコードする酵素によって合成される。*lux* オペロンに支配された AHL によるクオラムセンシングはビブリオ属に限定されることなく、緑膿菌やセラチア菌、エルシニア菌、プロテウス菌など広くグラム陰性菌において用いられている[19]。

グラム陽性菌ではオートインデューサーとして低分子のオリゴペプチド（autoinducing peptide、AIP）を用いているものが多い。特に黄色ブドウ球菌の毒素の発現を支配する *agr*（accessory gene regulator）はグラム陽性菌の固着能やバイオフィルムの形成にも関与している。

2.2.3　クオラムセンシングとバイオフィルムの密接な関係

クオラムセンシングのオートインデューサーである AHL は、川底に転がっている岩石の表面に形成された緑膿菌の類縁菌種や世界中の海洋に生息する海洋細菌によって形成された様々な種類のバイオフィルムから検出されている。また、嚢胞性線維症の患者の肺や尿道カテーテルに形成された緑膿菌バイオフィルムから直接 AHL が検出されたり、分離された緑膿菌が AHL を産生することも明らかにされている。クオラムセンシングとバイオフィルム

は別々に研究が始められたが、両者の反応と機構が明らかになるにつれて、密接に関連した生理的反応であることが認識されるようになった。また、緑膿菌が AHL 以外にオートインデューサーとして利用している 4-quinolone という物質を介したクオラムセンシング[20]はバイオフィルムの形成を高める働きがあることが明らかにされている[21]。

緑膿菌を中心にバイオフィルム形成とクオラムセンシングの関係について多くの研究が行われ、*lasI* と *rhlI* という二つの遺伝子がこれらに強く関係していることが明らかになった。*lasI* は細菌が固体表面でバイオフィルムを形成しながら二次元的に拡大していかなければならない初期の段階において働き、一方 *rhlI* はバイオフィルムの二次元方向への成長がほぼ止まり、むしろ三次元的な拡大、すなわち厚みを増大させていく段階で働いている[22]。

現在は、緑膿菌だけでなく多くの細菌(例えば、大腸菌・セラチア菌・エロモナス菌などのグラム陰性菌や枯草菌・黄色ブドウ球菌・腸球菌・ミュータンス菌などのグラム陽性菌)のバイオフィルム形成がクオラムセンシングに支配されていることが突き止められている。そしてこれらクオラムセンシングはバイオフィルムの構造を拡大させる方向に作用するが、一方ではバイオフィルムの形成速度を遅くさせたり壊したりするために働くことも知られている。以上のことから、バイオフィルムが拡大と破壊を繰り返すために、オートインデューサーのポジティブとネガティブの両方の作用が必要であると考えられる。

2.3 バイオフィルムと病気

環境中で生きていくことを選択した多くの微生物は、我々の身体のような栄養豊富な環境を好まない。その理由は、増殖している環境に代謝を合わせてあるので、環境が変わると、代謝反応が低下するからである。一方、しばしば我々人間に感染し、病気を起こす病原性大腸菌 O-157 や黄色ブドウ球菌、連鎖球菌、緑膿菌などの細菌は、環境中でも増殖するが、宿主である動物に寄生しているので動物の体内も増殖しやすい環境である。

細菌はクオラムセンシングによってバイオフィルムの形成が起きると同時

に、細菌から毒素や酵素などの病原因子の発現が誘導されたり、貪食されにくくなる。また、抗生物質という我々人類が見つけた強力な抗菌物質に対しても抵抗性を示すようになると、バイオフィルムを形成した細菌による慢性的な感染症を引き起こすことがある[7]。

バイオフィルムが関係するヒトの感染症は、ヒトからヒトへ感染する細菌や緑膿菌やレジオネラ属菌のような環境中にいる細菌だけでなく、体内で増殖する自己常在菌によって起きることが非常に多い。

口腔内の歯科領域では、主として *Streptococcus mutans* のバイオフィルムから産生された乳酸によって歯が溶解し、齲蝕が起きる。さらに、歯と歯ぐきの間に形成される *Porphyromonas gingivalis* という偏性嫌気性菌や *Aggregatibacter actinomycetemcomitans* という好気性菌によって形成されるバイオフィルム（プラーク）は、歯を支える組織や細胞に炎症を引き起こす。また、尿路感染においては、尿を排出させやすくさせたり尿量を知るために留置する尿道カテーテルの表面に多剤耐性の緑膿菌バイオフィルムが形成されやすい。整形外科領域では骨や関節の治療のために使われる生体材料表面に表皮ブドウ球菌や多剤耐性黄色ブドウ球菌のバイオフィルムが形成されやすく、難治性の細菌感染症になる。その他、人工心臓やペースメーカー、ステントなどの人工物が体内で使われているが、これらの生体材料表面にもブドウ球菌などのバイオフィルムが形成されやすい。そして、バイオフィルムが形成された部位に接する組織や器官は毒素や酵素によって慢性的な炎症が起き、インプラントの取り出しや交換をしなければならなくなる。

ところが、ここまで厄介なものとして扱ってきたバイオフィルムは、私たちの体の中に大量に形成され有用な働きもしている。小腸や大腸は飲食物から得た栄養成分や水分を吸収したりビタミンを合成する重要な部位に数百種類の細菌を常在させている。消化管内上皮や粘液層に常在するこれらの細菌はバイオフィルムを形成し、外部から侵入する病原菌に対し強力な防護壁になっている。

参考文献

[1] Costerton, J.W., *The Biofilm Primer, 1 Springer Series on Biofilm.* 2007: Springer.
[2] Zobell, C.E., *The Effect of Solid Surfaces upon Bacterial Activity.* J. Bacteriol., 1943. **46:** p.39-56.
[3] Willkinson, J.F., *The Extracellular Polysaccharides of Bacteria.* Bacteriol., Rev., 1958. **22:** p.46-73.
[4] Marshall, K.C., *Interfaces in Microbial Ecology.* 1976: Harvard University Press, MA.
[5] Costerton, J.W., G.G. Geesey, and K.-J. Cheng, *How Bacteria Stick.* Sci. Am., 1978. **238:** p.86-95.
[6] Costerton, J.W., K.-J. Cheng, G.G. Geesey, T.I. Ladd, J.C. Nickel, M. Dasgupta, and T.J. Marrie, *Bacterial Biofilms on Nature and Disease.* Ann. Rev. Microbiol., 1987. **41:** p.435-464.
[7] Costerton, J.W., P.S. Stewart, and E.P. Greenberg, *Bacterial Biofilms: A Common Cause of Persistent Infections.* Science, 1999. **284:** p.1318-1322.
[8] Sauer, K., The Genomics and Proteomics of Biofilms Formation. Genome Biol., 2003. **4:** articlle 219.
[9] Stewart, P.S., B.M. Peyton, W.J. Drury, and R. Murga, *Quantitative Observations of Heterogeneities in Pseudomonas aeruginosa Biofilms.* Appl. Environ. Microbiol., 1993. **59:** p.327-329.
[10] Donlan, R.M., and J.W. Costerton, *Biofilms: Survival Mechanisms of Clinically Relevant Microorganisms.* Clin. Microbiol. Rev., 2002. **15:** p.167-193.
[11] Suci, P.A., M.W. Mittleman, F.P. Yu, and G.G. Geesey, *Investigation of Ciproxacin Penetration into Pseudomonas aeruginosa Biofilms.* Antimicrobial Agents Chemother., 1994. **38:** p.2125-2133.
[12] Evans, D.J., D.G. Allison, M.R.W. Brown, and P. Gilbert, *Effect of Growth-Rate on Resistance of Gram-Negative Biofilms to Cetrimide.* J. Antimicrobial. Chemother., 1990. **26:** p.473-478.
[13] Dagostino, L., A.E. Goodman, and K.C. Marshall, *Physiological Responses Induced in Bacteria Adhering to Surfaces.* Biofouling,1991. **4:** p.113-119.
[14] Kempner, E.S., and F.E. Hanson, *Aspects of Light Production by Photobacterium fischeri.* J. Bacteriology, 1968. **95:** p.975-979.

[15] Fuqua, W.C., S.C. Winans, and E.P. Greenberg, *Quorum Sensing in Bacteria: the LuxR-LuxI Family of Cell Density Responsive Transcriptional Regulators*. J. Bacteriology, 1994. **176:** p.269-275.

[16] Pearson, J.P., *Early Activation of Quorum Sensing*. J. Bacteriol., 2002. **184:** p.2569-2571.

[17] 中山二郎，*細菌の世界における細胞間ケミカルコミュニケーションとその分子メカニズム*. 腸内細菌学雑誌，2011，25 巻，p.221-234.

[18] Eberhard, A., A.L. Burlingame, C. Eberhard, G.L. Kenyon, K.H. Nealson, and N.J. Oppenheimer, *Structural Identification of Autoinducer of Photobacterium fischeri Luciferase*. Biochemistry, 1981. **20:** p.2444-2449.

[19] Bainton, N.J., B.W. Bycroft, S.R. Chhabra, P. Stead, L. Gledhill, P.J. Hill, C.E. Rees, M.K. Winson, G.P. Salmond, and G.S. Stewart, *et.al.*, *A General Role for the lux Autoinducer in Bacterial Cell Signalling: Control of Antibiotic Biosynthesis in Erwinia*. Gene, 1992. **116:** p.87-91.

[20] Pesci, E.C., J.B. Milbank, J.P. Pearson, S. McKnight, A.S. Kende, E.P. Greenberg, and B.H. Iglewski, *Quinolone Signaling in the Cell-to-Cell Communication System of Pseudomonas aeruginosa*. Proc. Nat. Acad. Sci. U.S.A., 1999. **96:** p.11229-11234.

[21] Diggle, S.P., K. Winzer, S.R. Chhabra, K.E. Worrall, M Cámara, and P. Williams, *The Pseudomonas aeruginosa Quinolone Signal Molecule Overcomes the Cell Density-Dependency of the Quorum Sensing Hierarchy, Regulates rhl-Dependent Genes at the Onset of Stationary Phase and Can Be Produced in the Absence of LasR*. Mol. Microbiol., 2003. **50:** p.29-43.

[22] Sauer, K., A.K. Camper, G.D. Ehrlich, J.W. Costerton, and D.G.Davies, *Pseudomonas aeruginosa Displays Multiple Phenotypes during Development as a Biofilm*. J. Bacteriol., 2002. **184:** p.1140-1154.

第3章 生物付着

3.1 生物付着とは

　身近なところでは台所や洗面所、社会基盤を支える大型構造物や船舶などの大型輸送機械、疾病や事故などで機能が低下あるいは失われた生体機能を補うために使用される生体材料の素材には、使用環境や使用目的に応じて金属材料、セラミックス材料、プラスチック材料が使用される。これらの材料を選定する場合には使用環境や使用目的を考慮した特性評価が行われるため、工学的な機械的性質について問題が生じることは少ない。しかしながら、それらの材料を微生物の存在する環境中で使用する場合には、土壌、水や大気中に存在する多種多様な生物が材料表面に付着するため、材料の工学的な機械的性質に依存しない材料劣化、経済的損失や感染症などの重大な被害をもたらす場合が少なくない[1-6]。

図 3.1　(a) SS400 の表面に付着した緑膿菌 PAO1 株のバイオフィルム（実験室での付着試験）、(b) SS400 の表面上に付着した藻類と汚染物質（開放循環式冷却塔での付着試験）、(c) SS400 の表面上に付着したフジツボ（海洋環境中での付着試験）

生物付着は緑膿菌、硫酸還元菌などの非常に小さな生物（いわゆる微生物）が材料に付着するミクロ付着と藻類、フジツボ、海藻などの比較的大きな生物（いわゆる大型海生生物）が材料に付着するマクロ付着に大きく分類される。図 3.1 に一般構造用圧延鋼板である SS400 の表面上での緑膿菌 PAO1 株、藻類とフジツボの付着形態を示す。

ところで、バイオファウリング（biofouling）とバイオフィルム（biofilm）という言葉がバイオフィルム、微生物付着、微生物腐食の研究分野などでしばしば混同されて使用されているが、biofouling と biofilm はそれぞれ全く異なる現象や物質を表す用語であるため厳密に区別する必要がある。biofouling とは微生物が材料表面に付着する現象やプロセスを表す用語である。一方、biofilm は biofouling というプロセスを経て材料表面に付着した微生物や微生物が分泌する細胞外重合物質（extracellular polymeric substance、EPS）の混在した集合体（物質）を表す用語である。また、海洋環境中に浸漬された各種材料の表面にフジツボ、ムラサキイガイなどの大型海生生物が付着する現象はマクロファウリング（macrofouling）と呼ばれる。

微生物付着、バイオフィルム形成、大型海生生物の付着はそれぞれが独立した現象ではなく、それぞれが綿密に関連した現象であることを理解することが重要である。材料表面におけるバイオフィルムの形成過程の模式図を図 3.2 に示す[7]。

バイオフィルム形成の第一ステップは、材料表面でのコンディショニングフィルム（conditioning film）の形成である。コンディショニングフィルムは環境中に存在する有機物が材料表面に吸着することにより形成され、その厚

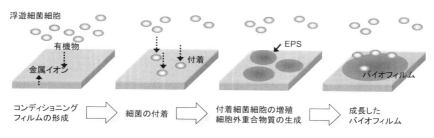

図 3.2　バイオフィルムの形成過程の模式図[7]

さは 10 nm 程度との報告がある。例えば、ステンレス鋼への低分子カルボン酸の吸着は数分で完了すること、ガラス片を湖水に浸漬した場合には、種々のイオンの吸着が初期に起こり、その後に種々の有機物が吸着して数十分でコンディショニングフィルムが形成されることが報告されている。これまでに、ステンレス鋼にはタンパク質、ペプチド、アミノ酸が吸着することやチタンには各種タンパク質が吸着することが明らかになっている。前述したように、コンディショニングフィルムの厚さは非常に薄いため、例えば金属材料の不働態皮膜からの電子は容易に通過することができる。また、金属材料表面に形成されたコンディショニングフィルムは不働態皮膜由来の金属イオンと細胞外重合物質由来の水酸化物が混在した物質である。

　バイオフィルム形成の第二ステップは、コンディショニングフィルム上への浮遊細菌などの微生物の付着である。微生物はコンディショニングフィルムに含まれる有機物を栄養源とするために材料表面に付着を試みる。微生物は pH 7 付近の通常の環境では負に帯電している。また、自然環境に存在する多くの材料の表面も同様に常に負に帯電している。この関係だけから考えると、お互いに常に負に帯電している微生物と材料表面は静電的に反発していることになり、材料表面への微生物の付着は非常に困難ということになる。しかしながら、微生物と材料表面の間にはファンデルワースル引力が働くため、この引力が静電的反発力よりも大きい場合には微生物は材料表面に吸着することができる[8]。

　バイオフィルム形成の第三ステップは、付着した微生物の増殖と細胞外重合物質の分泌である。材料表面に吸着した微生物は吸着と脱着を可逆的に繰り返しながら増殖し、微生物数がある一定の値に達すると一斉に細胞外重合物質を分泌する。細胞外重合物質と微生物の集合体がバイオフィルムであり、その厚さは通常では 1 mm 以下である。また、細胞外重合物質が微生物と外界とを隔離するシェルターとしての役割を果たすことは、後述するようにバイオフィルム中に存在する微生物に対して洗浄剤、抗生物質などの薬剤の効果が十分に効かない事実からも明らかである。

　第四ステップは、バイオフィルムの成長と増殖である。バイオフィルムは環境中に存在する微生物、Si、Ca などの成分、水分などを取り込みながら成

長を続け[9]、一定期間経過後にバイオフィルムが破れてバイオフィルム中に存在していた微生物の一部が再び環境中に放出されて浮遊し、他の部位や材料表面に再び付着して新たなバイオフィルム形成が開始される。このようにして、材料のあらゆる方向にバイオフィルムが形成されて最終的には部材全体がバイオフィルムに覆われる。ちなみに、微生物、バイオフィルム、環境中の成分、水などで構成され、冷却水系で観察される粘性物質はスライムと呼ばれる。したがって、材料表面のCaやSを定量することによりバイオフィルムやスライムの形成を間接的に評価することができると考えられる。

図3.3は夏季に開放循環式冷却塔の冷却水槽内に1ヶ月間浸漬した鉄鋼材料と種々のメッキ鋼板表面上のCa濃度の変化である[10]。耐食性の高い304鋼、430鋼やCr、Ni、Znをメッキした鋼板では浸漬試験後もCa濃度の増加は小さいが、抗菌性が高いとされるAg、Cu、Snをメッキした鋼板やSS400では浸漬試験後のCa濃度の増加が大きい。この結果は、例えば抗菌性をもつ純金属を鉄鋼材料にメッキした場合には純金属とは異なる性質を示す場合

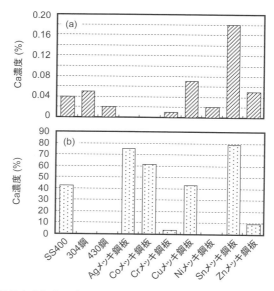

図3.3 開放循環式冷却塔の冷却水槽内に1ヶ月間浸漬した鉄鋼材料と種々のメッキ鋼板の表面上のCa濃度[10]。(a) 浸漬試験前、(b) 浸漬試験後

があること、鉄鋼材料では耐食性の違いによりバイオフィルムの形成挙動が変化する可能性があることを示している。

上記の過程で成長したバイオフィルムの主成分は微生物、多糖、DNA などのいわゆる EPS と EPS に含まれる間隙水であり、間隙水はバイオフィルム全体の約 80%を占めている。また、バイオフィルム内の栄養塩濃度は外界よりも高くなっており、微生物の薬剤などへの耐性を高めるとともに生存しやすい環境になっている。さらに、バイオフィルム中の微生物数は外界よりもかなり高く、数百倍以上の値になることが報告されている[11]。なお、図 3.2 の模式図では微生物は浮遊細菌のみであるという印象を受けるが、自然界に存在する微生物の圧倒的多数は固体上に形成したバイオフィルム中に存在すること、バイオフィルム中に存在する微生物の形態や性質は浮遊している微生物と大きく異なることが近年明らかになってきている。したがって、細菌単体あるいはその集合体であるバイオフィルムが関与する工学的諸問題の解決には、微生物やバイオフィルムの形態、性質、挙動などを詳細に検討する必要がある。

3.2 ミクロ付着とバイオフィルム

前述したように、バイオフィルム形成の第一歩は材料表面への微生物の付着である。微生物は種々の材料表面に化学的、物理的に吸着するが、微生物をはじめとするあらゆる生物の生命活動に必要な Fe の存在と微生物の付着挙動に関連性が認められている。図 3.4 は種々の材料表面に形成された緑膿菌のバイオフィルム量を示している。この結果で注目すべきことは、Al、Cu などの非鉄金属材料を含むすべての金属材料においてバイオフィルムが形成されていること、Fe を主要構成元素とする SS400 において極めて高い量のバイオフィルムが形成されていること、SS400 と同様に Fe を構成元素とする 304 鋼におけるバイオフィルム形成量は他の非鉄金属材料と同等かそれ以下であることである。これは、材料に含まれる Fe の外部への溶出やもともと環境中に存在する Fe が微生物の付着やバイオフィルムの形成挙動に関係していることを示している。

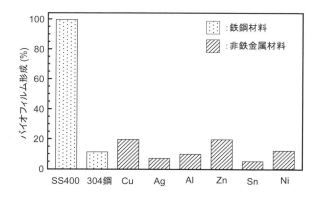

図3.4 種々の金属材料表面に形成された緑膿菌のバイオフィルム量[7]

　後述する鉄酸化細菌などの特殊な微生物を除外して大多数の生物は三価のFeを体内に取り込んで二価のFeに還元することにより生命を維持している。微生物も生きるためにFeを体内に取り込む必要があり、シデロフォアと呼ばれるFeキレーターを体外に放出してFeを獲得する生体システムを利用している[12]。微生物のこのような金属イオン獲得のための生体システムが材料表面への付着やバイオフィルム形成能力に関係していることもミクロ付着やマクロ付着を防止する際には考慮すべきである。

　図3.2に示した過程で形成されたバイオフィルムの形態は微生物、環境、材料、時間などにより様々に変化する。バイオフィルムは様々な微生物の集合体であるが、微生物はバイオフィルム内で無秩序に混在しているわけではなく、栄養となる物質や酸素濃度の勾配に対応して図3.5のように階層構造

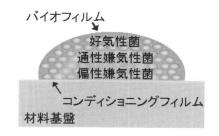

図3.5 酸素濃度勾配によるバイオフィルム内での微生物の階層構造

を保ちながら共存している。酸素が豊富な環境に常に接触しているバイオフィルムの外側部分では酸素がないと生きられない好気性菌が存在し、バイオフィルムの最下層に向かうにつれて酸素があってもなくても生きられる通性嫌気性菌や酸素があると生きられない偏性嫌気性菌が階層的に存在している。バイオフィルムでの酸素濃度の勾配は好気性菌や通性嫌気性菌のそれぞれが酸素を消費することにより生じる。このように、バイオフィルム中の微生物はお互いに影響を及ぼしあいながら共存している。

材料の種類や表面状態によっては、このような微生物の階層構造をもつバ

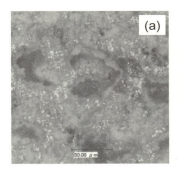
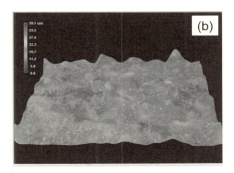

図3.6 SS400の表面上に形成された緑膿菌PAO1株のバイオフィルム。(a) 共焦点レーザ顕微鏡による上方向からの観察写真、(b) 共焦点レーザ顕微鏡の画像解析機能を利用した斜め方向からの画像

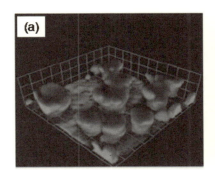
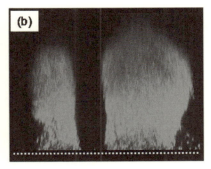

図3.7 (a) $FeCl_3$のみが存在する環境中で形成された*Pseudomonas aeruginosa*のバイオフィルム、(b) 高さ方向に成長した*Pseudomonas aeruginosa*のバイオフィルム[13]

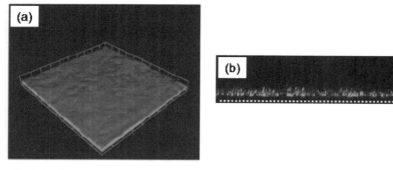

図 3.8 (a) FeCl$_3$ に 20 µg/m のラクトフェリンを添加した環境中で形成された *Pseudomonas aeruginosa* のバイオフィルム、(b) 横方向に成長した *Pseudomonas aeruginosa* のバイオフィルム[13]

イオフィルムが図3.6や図3.7に示すように材料表面で凹凸状に形成される場合や図3.8に示すように材料表面で平坦状に形成される場合がある。材料表面上に付着した微生物が走化性（chemotaxis）をもたない場合にはバイオフィルムは高さ方向のみに成長してタワー状になり、微生物が走化性をもつ場合にはバイオフィルムは横方向に成長して平坦状になるとされる[13]。バイオフィルムが凹凸状に形成された場合には、バイオフィルム内部での酸素濃度勾配だけでなく材料表面上の凹凸形状による材料表面での酸素濃度の差異が生じるため、図3.9に示すような酸素濃淡電池が形成されて腐食が促進さ

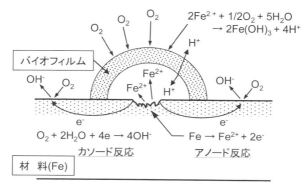

図 3.9 酸素濃淡電池形成による Redox 反応と腐食メカニズム[14]

れると考えられる[14]。

　バイオフィルムが厚く成長している部分ではアノード反応による金属の溶解が起こり、バイオフィルムの薄い部分ではカソード反応による溶存酸素の還元が起こるため腐食が進行する。微生物付着やバイオフィルムが関与するこのような腐食は微生物腐食（microbiologically influenced corrosion、MIC）と呼ばれる。なお、微生物腐食の実例は次節にて詳細に説明する。

　炭素鋼や Fe を主要構成元素とする合金の腐食は、いいかえれば Fe の溶解現象であるため、この現象に注目して様々な微生物腐食のメカニズムがこれまでに提案されてきた。酸素濃淡電池もその一つであるが、硫酸還元菌（sulfate-reducing bacteria、SRB）による代謝反応と金属材料の相関、鉄酸化細菌（iron oxidizing bacteria、IOB）の代謝反応による鉄鋼材料の腐食などの単一種の微生物が関与する腐食メカニズムが古くから提唱されている[15]。他に、微生物腐食の特徴である自然電位の貴化を説明することのできる微生物の過酸化水素形成による腐食メカニズムも提案されている[16]。しかしながら、このモデルは微生物にとって有害な冷却水系の化学洗浄にも使用される過酸化水素を微生物自らが継続して多量に生成するという点で矛盾がある。

　硫酸還元菌はあらゆる環境中に普遍的に存在する微生物であり、嫌気性環境下で硫酸イオンを硫化物へと還元する能力があるためあらゆる環境での微生物腐食の原因であると考えられてきた。また、鉄酸化細菌は二価の鉄を三価の鉄に酸化する際に発生するエネルギーを使って成長する微生物である。硫酸還元菌の腐食反応は次のように進行すると考えられている。この反応を図 3.10 に改めて示す。

　鉄のアノード溶解　　$4Fe \rightarrow 4Fe^{2+} + 8e^-$

　水の解離平衡　　$8H_2O \Leftrightarrow 8H^+ + 8OH^-$

　上記の二つが関与する還元反応による原子状水素の材料表面への吸着
　　$8H^+ + 8e^- \Leftrightarrow 8H(ads)$

　材料表面の水素と硫酸イオンが関与する硫酸還元菌の代謝反応
　　$SO_4^{2-} + 8H \Leftrightarrow S^{2-} + 4H_2O$

　硫化物イオンと鉄の反応による硫化鉄の形成　　$Fe^{2+} + S^{2-} \Leftrightarrow FeS$

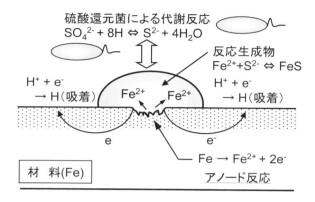

図 3.10 硫酸還元菌による腐食反応の模式図

また、鉄酸化細菌の腐食反応は次のように進行すると考えられている。

鉄の腐食反応　　$4FeSO_4(aq) + 2H_2SO_4(aq) + O_2(g) \rightarrow 2Fe_2(SO_4)_3(aq) + 2H_2O(l)$

$2Fe_2(SO_4)_3(aq) + 12H_2O(l) \rightarrow 4Fe(OH)_3(aq) + 6H_2SO_4(aq)$

上記の反応の総括　　$4FeSO_4(aq) + O_2(g) + 10H_2O(l) \rightarrow$

$4Fe(OH)_3(aq) + 4H_2SO_4(aq)$

この反応により二価の鉄が三価の鉄に酸化され、余剰な電子は硫酸還元菌の代謝反応に取り入れられてアデノシン三リン酸（adenosine triphosphate、ATP）を形成するために消費される[17]。

鉄の腐食反応　　$Fe \rightarrow Fe^{2+}$

鉄酸化細菌の代謝　　$Fe^{2+} \rightarrow Fe^{3+}$

実験室規模での再現実験ではこれらの微生物による材料の腐食が確認されていることから、実環境中にこれらの微生物が支配的に存在する特殊な場合には前述のメカニズムにより腐食が進行すると考えられる。しかしながら、実環境中には種々の微生物が共存しており、またそれらの微生物の種類や存在比率は付着する材料、季節、環境、時間などにより著しく変化することが群集解析技術の進歩により近年明らかになってきている[18]。

図 3.11 は伊勢湾岸の海洋環境中に 1 週間浸漬した SS400、304 鋼、Sn の表面に付着した微生物を遺伝子解析により同定した結果の一例である[19]。こ

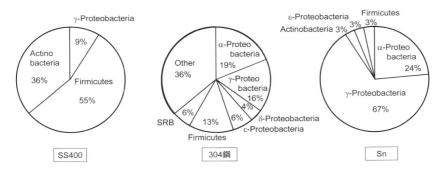

図 3.11 伊勢湾岸の海洋環境に 1 週間浸漬した種々の金属材料表面上の微生物の種類と存在比率[19]

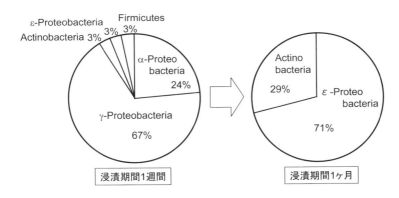

図 3.12 伊勢湾岸の海洋環境中に浸漬した Sn の表面上の微生物の種類とその存在比率の変化[19]

の結果から明らかなように、同じ環境中に浸漬したにもかかわらず、表面に付着した微生物の種類と存在比率は金属材料の種類により大きく異なっている。また、図 3.12 に浸漬期間を変化させた Sn の表面上に付着した微生物の種類とその存在比率を示す。同一の材料であるにもかかわらず、浸漬期間が変化すると表面に付着する微生物の種類と存在比率は大きく変化した。さらに興味深いことに、実際の海洋環境中に浸漬した金属材料の表面に付着した微生物の大部分は培養が非常に困難あるいは不可能な微生物であり、例えば

硫酸還元菌、鉄酸化細菌、緑膿菌などの培養が比較的容易な微生物はいずれの金属材料に対しても非常にマイナーな存在でありほとんど検出されることはなかった。これらの結果から考えても、微生物腐食を単一種の微生物と金属材料の相互反応だけで考察するよりも、環境中に存在するすべての微生物と金属材料との相互反応として考察することが適切かつ重要であることがわかる。

以上述べたように、微生物やバイオフィルムは金属材料の腐食を促進させるだけでなく、バイオフィルムは後述する生体材料分野でも健康被害をもたらす病原菌の温床となるため、ケース・バイ・ケースの対応が必要である。

3.3　微生物腐食と材料

微生物腐食の特徴は、金属材料が腐食の影響を受けにくい常温、常圧、中性の非常にマイルドな環境中にあっても異常な速度で腐食が進行することである[20]。海洋構造物、石油、天然ガスや原子力プラントなどをはじめとする工業分野において微生物腐食が原因となる経済的損失が大きな問題となっている[21,22]。実際に発生した微生物腐食の一例として 316L 鋼製のエネルギープラント配管で発生した微生物腐食と 316L 鋼溶接金属を用いた実験室

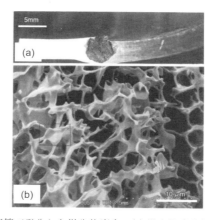

図 3.13　316L 鋼製配管で発生した微生物腐食。(a) 微生物腐食部分の断面写真、(b) 微生物腐食部分の走査型電子顕微鏡写真　（オーステナイト部分の選択的溶解)[23]

第 3 章　生物付着

図 3.14　316L 鋼溶接金属での微生物腐食再現実験[23]。(a) 材料表面に形成されたバイオフィルム、(b) バイオフィルム除去部分の腐食孔

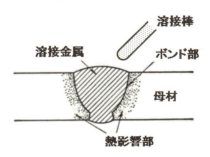

図 3.15　鉄鋼材料の溶接部分の模式図（溶接金属部分は硬くて脆い鋳鉄の特性をもつ、ボンド部は焼入れ効果により硬く脆くなる、熱影響部は焼鈍し効果により軟化する）[24]

規模での微生物腐食の再現例を図 3.13 と図 3.14 にそれぞれ示す[23]。

これらの微生物腐食については Fe を主要構成元素とする合金で発生していることに加えて、溶接という一種の加工熱処理が施された部位で優先的に微生物腐食が発生していることにも注目すべきである。図3.15に示すように、一般的な鋼の溶接部分は溶接金属部、ボンド部、熱影響部の三つで構成されており、加熱温度の違いにより組成、結晶粒径、析出物、内部応力などの状態が溶接前の状態と比較して大きく変化する[24]。

このような成分偏析、格子欠陥などの変化は材料の耐食性を低下させるため、材料からの金属イオンの溶出や微生物の付着を促進すると考えられる[25,26]。また、溶接により材料表面に凹凸が形成されるため、この部分での水流の変化が溶接部分での微生物の付着に影響するとの報告もある[27]。しかしながら、溶接後に表面性状を平滑化した材料についても溶接部位での微生物の優先的な付着が認められており、金属学的因子が微生物の付着に大きく関与していると考えられる。さらに、生体必須元素である S や N を添加した合金では微生物付着の増加が認められており、金属学的因子と微生物付着の関連性を認識することができる（図 3.16）[28-30]。

微生物腐食は材料表面への微生物付着やバイオフィルム形成によって生じることから、材料表面への微生物の付着を抑制することが微生物腐食の防止に非常に有効であると考えられる。前述したように、材料表面への微生物の

図 3.16　高窒素含有オーステナイト型ステンレス鋼（Fe-23Cr-4Ni-2Mo-1N mass%）の表面に付着した海藻（物質・材料研究機構　片田康行博士提供）

付着には Fe をはじめとする金属イオンが大きく関与していると考えられる。したがって、微生物付着を誘導する金属イオンの溶出の抑制と微生物に対して忌避作用をもつ金属イオンの長期徐放も防止策の一つとして有効である。現在、微生物腐食の防止技術として、鋼管、土壌埋設管に対するコーティング、ポリエチレンスリーブによる被覆、カソード防食などが実際に適用されている[31-36]。

金属製品の耐食性や硬さを改善するために工業分野では表面改質技術の一つであるメッキが利用される場合が多い。食品分野で使用される金属容器などには Zn や Sn がメッキされており、容器の耐食性や食品の品質保全に貢献している。現在利用されているメッキには様々な種類があるが、施工の容易さ、コストパフォーマンスなどの面から見ても数ある表面改質技術の中でも最も魅力的な技術である。

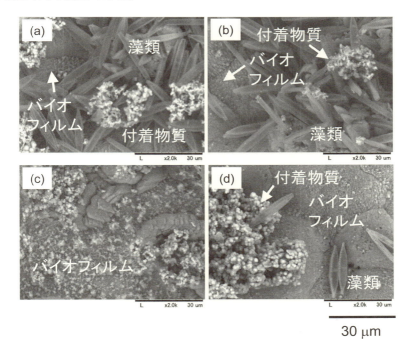

図 3.17 循環式冷却塔の冷却水槽内に夏季に 1 ヶ月間浸漬した後の試料表面の SEM 写真[10]。(a) SS400、(b) Ag メッキ鋼板、(c) Cu メッキ鋼板、(d) Sn メッキ鋼板

微生物腐食を抑制するためには耐食性を高めて材料からの Fe イオンの溶出を防止するとともに微生物に対する抗菌性を付与することが有効であると考えられる。このようなコンセプトを検証するために、SS400 の表面上に抗菌性の報告されている Ag、Cu、Sn を湿式メッキした試料を開放循環式冷却塔の冷却水槽内に夏季に 1 ヶ月間浸漬した後の試料表面の SEM 写真を図 3.17 に示す。

いずれの試料においても表面上にバイオフィルムの形成が認められており、Cu メッキ鋼板を除く試料では藻類の付着も認められる。また、これらの試料表面上ではメッキに使用した金属材料と Fe により構成される酸化物の形成が認められた。一般的なメッキ層には成膜過程でピンホールが形成されるため、これらの試料ではメッキに使用した金属材料よりも卑な Fe がメッキ層のピンホールから外部に溶出し、その Fe を求めて微生物が試料表面上に付着したと考えられる。さらに、抗菌性は材料表面に存在する金属イオンや外部へ溶出した金属イオンが微生物のタンパク質に結合することで発現されるため、材料表面の酸化や汚染物質の付着により金属イオンの存在や溶出が希薄となり微生物に対する抗菌効果が低下したとも考えられる。生物学的な側面から考察すれば、Ag、Cu、Sn に対して耐性をもつ微生物が暴露環境中に存在していたことも考えられる。

いずれにせよ、図 3.17 に紹介した結果は、実際の環境中での微生物の付着、バイオフィルム形成、微生物腐食を例えばメッキのような表面改質技術だけで防止することは困難であることを示している。また、腐食性のない微生物のバイオフィルムをあらかじめ材料表面に形成させることにより有害な微生物のバイオフィルム形成を抑制しようとする研究も行われている。しかしながら、図 3.11、図 3.12 や図 3.17 に示したように材料表面に付着する微生物やバイオフィルムの性質は材料、環境、時間などにより著しく変化するため、すべての材料に共通して適用できる微生物腐食防止技術の開発は非常に困難である。現在、Ag あるいは Cu を添加した抗菌ステンレス鋼が開発されており、黄色ブドウ球菌、大腸菌などをはじめとする微生物に対して一定の忌避効果や殺菌効果が確認されている[37-39]。

送水配管への微生物付着とバイオフィルム形成は、微生物腐食だけでなく

第 3 章 生物付着

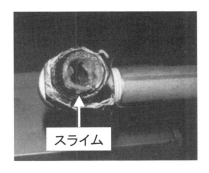 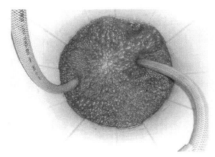

図 3.18 冷却水配管内に形成されたスライムとバイオフィルムやスライムを含む化学洗浄後の廃液

　スライム形成による飲用水や冷却水の汚染にも大きく関係している（図3.18）。例えば、公衆浴場、空調機、給水設備などの配管を通過する水の汚染である。熱交換器では、熱交換器内部に付着したバイオフィルムやそれにより発生した腐食生成物だけでなく、冷却水中に浮遊するバイオフィルムやスケールも冷却機能の低下要因となるため、水質管理が重要となる。老人保健施設の浴槽水で増殖したレジオネラ属菌による死亡例が報道され、公衆浴場基準が厳しくなっていることからも水質管理の重要性を再認識できる。また、冷却水系の冷却塔から飛散した冷却水のミストゾルが原因となるレジオネラ肺炎（在郷軍人病）の感染と死亡例が海外で報告されている。このため、化学薬品を使用した機器内部や配管の定期的な洗浄が必要となる。

　冷却水系での化学洗浄ではバイオフィルムと微細な砂塵が混ざり合ったスライム、水中に溶存している Ca イオンが炭酸イオンやリン酸イオンと結合した無機化合物であるスケールを除去対象としている。スライムの構成物質の一つである砂塵は井戸水や大気から供給される。

　また、高層住宅の給水設備や井戸を水源とする給水設備は水道局の水道本管から給水栓に水が直接供給される直結式給水方式とは異なり、供給された水を受水槽に一度貯水してから給水栓に水を供給する受水槽給水方式であるため、微生物が原因となる水質の悪化が生じやすい。

　受水槽供給方式では水を受水槽や高架水槽に貯水するため、直結式給水方

式よりも水が滞留により外気と接触する時間が長くなるので衛生面でのリスクが高くなる。また、事務所が多く入る高層ビルではマンションなどの居住のための高層ビルよりも水道の使用は少なくなるため、水の滞留時間が長くなり衛生面でのリスクはさらに高くなる傾向にある。

受水槽や高架水槽でのバイオフィルムやスライム発生には水槽内の水位変化が大きく関係している。受水槽供給方式では水の使用により水槽内の水位が設定値まで低下すると揚水ポンプにより水が送水され満水状態を維持するため、水位の低下時に大気中に露出した水槽壁面に大気中を浮遊していた微生物や塵埃が付着し、付着したそれら汚染源は水位の上昇時に水中に分散することになる。この繰り返しによって増加した微生物がバイオフィルムを形成し、微細な塵埃と混ざり合うことで黒褐色の汚泥状のスライムが形成される。

このような飲用水の給水設備や配管の洗浄には食品添加物仕様の過酸化水素水と食品添加物仕様のクエン酸の混合洗浄剤が使用される。過酸化水素とバイオフィルム中に存在する微生物が産出するカタラーゼが接触すると、過酸化水素の分解により非常に微細な酸素が激しく多量に発生するため、この作用によりバイオフィルムは分解され洗浄液中に分散される[40]。分散したバイオフィルムにより懸濁した洗浄液は除去した汚染物質の搬送に利用できるため、上階から洗浄水を順次移動させることにより洗浄と排水が行われる。洗浄後は受水槽や高架水槽を清潔な水で十分に洗浄した後に水槽を清潔な水で満水にし、化学洗浄と同じ手順で洗浄液と清潔な水を上階から移動させることにより複数回水の置換を行うことで残留過酸化水素を基準値以下に低下させる。

熱交換器や配管への微生物、スライムやスケールの付着、配管の腐食は冷却機能低下や健康被害の原因となるため種々の薬剤を使用して冷却材をコントロールする必要がある。薬剤には大きく分類して、熱交換器や配管へのバイオフィルムの付着と冷却水中での微生物の増殖を抑制するスライムコントロール剤、冷却水中に溶存している Ca や Mg が無機物の結晶として付着することを防止するスケールコントロール剤、熱交換器や配管を構成する金属材料と反応して防食皮膜を形成する防食処理剤、上記の三つの機能を併せ持つ

トータルコントロール剤がある。また、これらの薬剤を薬剤定量注入ポンプで定期的に冷却水に添加するとともに、冷却水中の成分や微生物が濃縮しないように補給水により冷却水を希釈することが水質管理を行う上で重要である[41]。

3.4 生体材料とバイオフィルム

　事故や疾病などによって機能が損失あるいは低下した生体組織の機能を補うために正常な皮膚以外の生体組織、血液、体液と直接あるいは間接的に接触して使用される材料（器具）を生体材料（biomaterial）と呼ぶ。

　我々の生活に身近な生体材料をいくつか挙げるとすれば、コンタクトレンズ、注射器、入れ歯などがある。しかしながら、コンタクトレンズと同じように視力矯正に使用される眼鏡は生体材料とは区別される器具である。骨折固定時に使用されるギプスも生体材料ではない。コンタクトレンズは眼球の角膜という生体組織に直接接触して使用されるため生体材料であるが、眼鏡は顔面への固定のために鼻、こめかみ、耳などの正常な皮膚には接触するが眼球や角膜には直接接触することはないので生体材料ではない。また、骨折の保存療法で使用される添え木やギプスは骨折部位の体外の正常な皮膚に接触して使用されるが、図 3.19、図 3.20 に示すような骨接合術に使用される骨固定プレートやスクリューは皮質骨、軟組織、血液に直接接触するため生体材料である。

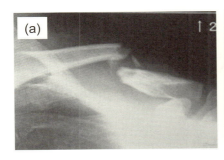 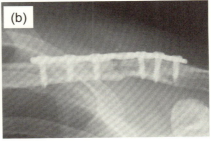

図 3.19　(a) 左鎖骨骨折部位と (b) 骨接合手術後のレントゲン写真

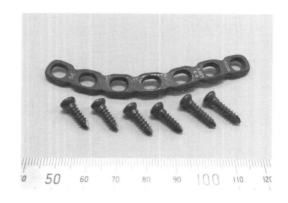

図 3.20　骨固定プレートとスクリュー

表 3.1　使用期間や使用部位による生体材料の分類

使用期間の単位	使用部位		
	体外	体表	体内
時間	人工腎臓、人工心肺、血漿交換膜、肝臓補助装置、輸血セット	コンタクトレンズ、カテーテル、注射器、印象材、義歯床	大動脈内バルーンパンピング、止血材
日	人工肺	コンタクトレンズ、カテーテル、補助人工心臓、経皮吸収パッチ	
週	血液バッグ	人工皮膚	手術糸、接着剤、DDS材料、人工硝子体
月			骨折固定材、DDS材料
年		歯科材料	眼内レンズ、補綴物、人工歯根、人工関節、人工骨、人工靱帯、人工血管、クリップ、DDS材料

＊DDS（ドラッグデリバリーシステム）

第3章 生物付着

　もう少し違った言い方をすれば、生体材料は機能、信頼性、安全性を最優先して開発されているため、例えば眼鏡や義肢装具のように個性、流行、ファッション性を加味できる余地は微塵もない。病院内で使用されている材料や器具が生体材料であるかどうかはこのような基準で判断することができる。

　表 3.1 はコンタクトレンズや骨固定プレートを含む一般的な生体材料を使用期間や使用部位に応じて分類したものである。骨、関節などの高い荷重を支える硬組織の治療に使用される生体材料を硬組織代替材料、血管などの柔軟性の高い生体軟組織の治療に使用される生体材料は軟組織代替材料と呼ばれる。容易に取り替えることのできない生体内で長期間使用される生体材料には極めて高い安全性、耐久性、信頼性、生体適合性が要求される。

　代表的な硬組織代替材料である人工股関節の骨頭部やステム部には最大で体重の数十倍の荷重が負荷される。また、歩行時には骨頭部と臼蓋部は互いに高い圧力で押し付けられながら摺動する。このような過酷な条件下で長期間安心して使用できるように、人工股関節の骨頭部やステム部には強度や耐摩耗性に優れた金属材料、臼蓋部には衝撃吸収性や低摩擦係数をもつ高分子材料が使用される（図 3.21）。

　しかしながら、このような機械的特性や機能性だけでは生体材料としては不十分であり、生体材料として最も重要な条件は材料やその腐食生成物が生

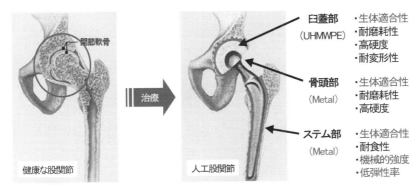

図 3.21　人工股関節に必要とされる特性と構成材料（UHMWPE; 超高分子量ポリエチレン）

表 3.2 生体材料が備えるべき必要条件

条件	例
生体安全性	低溶出性、非溶血性、非慢性炎症性など
生体適合性	力学的適合性、血液適合性、組織結合性など
機能性	生体代替機能、血液・輸液保存、血液浄化など
耐久性	耐劣化、耐腐食、耐摩耗、耐クリープなど
可滅菌性	エチレンオキサイドガス、γ線照射、電子線照射など

表 3.3 生体材料の素材として使用される種々の材料名とその長所と短所

分類	材料名	長所	短所
金属材料	ステンレス鋼、Co-Cr合金、Ti合金	高強度、靱性、バネ弾性、導電性	腐食性、高比重
無機材料	アルミナ、ジルコニア、ヒドロキシアパタイト、結晶化ガラス	高強度、耐摩耗性、耐久性、非溶出性	脆性、難加工性
合成高分子	ポリメチルメタクリレート、シリコーン、ポリエチレン、ポリウレタン、ポリエチレンテレフタレート	柔軟性、易加工性、軽量、低弾性率	低強度、低剛性、劣化
天然高分子	コラーゲン、ゼラチン、デンプン、キチン	生分解性	難加工性、低強度

体に対して毒性やアレルギーを発現しない生体安全性や生体適合性を有することである。生体材料が備えるべき必要条件を表 3.2 に、生体材料の素材として使用される種々の材料の長所と短所を表 3.3 にそれぞれ示す。

また、生体材料には種々の滅菌処理を行っても材質や特性が変化しない可滅菌性も要求される。後述するが、この生体安全性や生体適合性と抗菌性を両立することは非常に困難である。その理由は、生体内の組織細胞も病原性をもつ細菌細胞も生命のある微生物であることと、生体材料は生体や組織細胞に対して不活性かつ親和性の高い元素で構成されているからである。病原性の細菌細胞に有効な抗菌物質や元素は正常な組織細胞に対して毒性を示す生体不適合材料となる可能性が高い。例えば、図 3.21 に示した人工股関節の

ステム部では速やかな新生骨の形成が必要とされるが、生体不適合性の元素や物質がステム部に存在する場合には骨細胞の付着や骨形成活動が阻害されるため初期固定はおろか患部の治癒が遅延することになる。

生体材料は厳重に滅菌処理を行った後で生体内に埋込されるため、埋込された生体材料に微生物腐食が発生することは非常に稀である[42]。むしろ問題となるのは埋込された生体材料や医療器具に付着した微生物やバイオフィルムが原因となる感染症の発症である。近年、細菌細胞が生体内で引き起こす感染症の約80%にバイオフィルムが関与しているという報告がなされている[43]。バイオフィルムが関係しているとされる多くの感染症がこれまでに報告されており、表3.4にその一例を示す[44-47]。

バイオフィルムが関係する感染症は特別なものではなく、例えば虫歯と一般的にいわれる歯の齲蝕、入れ歯の洗浄不良が一つの原因である歯周病、不衛生なコンタクトレンズが原因となる眼病など我々の日常生活の中にも多くの感染症のリスクが潜んでいる。

表3.4 バイオフィルムが関係しているとされる感染症

感染症名	特　徴
中耳炎	インフルエンザウイルスなどによって発症
歯周病	歯垢内の歯周病原細菌などによって発症
骨髄炎	骨髄が細菌細胞に冒されることで発症
毒素性ショック症候群	膣組織や生理用品の繊維から感染
尿路感染症	腎臓結石上のバイオフィルムから感染
感染性心内膜炎	レンサ球菌などによって発症
関節炎	歯周病原細菌などによる感染
レプトスピラ感染	飲料水に含まれる細菌細胞から感染

生体材料や生体組織へのバイオフィルム形成による免疫力の低下と慢性疾患の発症については第2章で述べたとおりである。表3.5に種々の生体材料で報告されている感染症の起因菌と感染症への対応策を示す[48-50]。

術中、術後のいずれにおいても生体材料や生体組織が生体外の環境に暴露される時間が長いほど微生物付着やバイオフィルム形成による感染のリスク

表3.5 種々の生体材料で報告されている感染症の起因菌とその対策

対　象	起因菌	対　応
人工関節	MRSA 黄色ブドウ球菌 表皮ブドウ球菌	抗菌薬の投与 抜去
脊柱固定支柱	MRSA MRSE 黄色ブドウ球菌 表皮ブドウ球菌	抗菌薬の投与 開放創処置 継続洗浄 抜去
口腔内インプラント	歯周病原細菌 大腸菌 カンジダ菌 Escherichica coil レンサ球菌	洗浄、ブラッシング 生活習慣指導 口腔ケア
血管内留置カテーテル	MRSA 緑膿菌 黄色ブドウ球菌 表皮ブドウ球菌 セラチア菌 カンジダ菌	カテーテル刺入部の封鎖による感染の防止 カテーテル基部への抗菌処理

は高くなるとされる。クリーンルーム内で行われる人工関節置換術でも日常的な感染予防意識や手技が不十分であると感染のリスクは高くなる。人工関節などの生体内に完全に埋込されるタイプの生体材料については、表皮や生体組織が生体材料を生体外環境から完全に隔離するため微生物による感染のリスクは低くなるが、血管内留置カテーテル、口腔内インプラントなどの構成部材の一部が生体外環境に常に暴露されるタイプの生体材料では微生物付着やバイオフィルム形成による感染のリスクは高くなる。

　血管内留置カテーテルや口腔内インプラントに付着した病原性の細菌細胞は咀嚼などの生理現象や刺入などの生体侵襲によって経口的、経気道的、経皮的に生体内に取り込まれ、体液や血液の流れにのって生体内の隅々まで運ばれる。全身に運ばれた口腔細菌細胞は様々な臓器や血管壁に付着して炎症

や組織破壊を引き起こし、また血液に細菌細胞が入ることで菌血症が発症するため特に注意が必要である。血管内留置カテーテルによる感染は米国において年間約25万例、日本では年間約18万本のカテーテルに感染が生じていると推定されており、年間2万人程度が菌血症により死亡しているとされる[51-53]。

口腔内インプラントを除く生体材料では、メチシリン耐性黄色ブドウ球菌（MRSA）、メチシリン耐性表皮ブドウ球菌（MRSE）、黄色ブドウ球菌、表皮ブドウ球菌による感染が共通して認められている。このような細菌細胞のバイオフィルムに対してバイコマイシンなどの抗生物質（抗菌薬）の投与による沈静化が試みられる場合が多いが、前述したように浮遊細菌細胞とバイオフィルム内の細菌細胞では形態や性質が大きく異なることや抗菌薬に対して耐性をもつ微生物の出現により十分な薬効が得られる場合は少ない。したがって、感染組織や膿瘍の切除・摘出や生体材料の抜去が必要となる場合が多い。

一部の生体材料に対して抗菌性金属元素のコーティングによる抗菌性の付与、プラズマやグラフトポリマーを利用した親水・疎水表面改質などにより微生物の付着やバイオフィルム形成を抑制する試みがなされているが、抗菌剤含有カテーテルにおいてアナフィラキシーショックによる死亡例も報告されていることから、生体材料への抗菌機能付与には使用する物質の安全性と生体反応の検証が必要である。

3.5 マクロ付着と汚損

火力発電所、製鉄所など大規模な熱交換が必要な施設では海水を利用した冷却が行われており、海水の取水設備および配管の腐食に起因する冷却水の漏洩・汚染や熱交換器の閉塞が大きな問題となっている。また、橋梁、船舶などへの微生物のミクロ付着と汚損生物のマクロ付着による劣化および燃費の悪化も大規模な経済的損失の要因となるため、早急な対策が望まれている。さらに、船舶の外側没水部（船底）への汚損生物の付着は大陸間の生物の移動による生態系の破壊という問題にもつながる。東京湾で群生するムラサキ

イガイやミドリイガイ、小型の群生型ヨーロッパフジツボなどが大陸間移動外来種の代表例として挙げられる[54]。近年の地球温暖化も外来種の定着を促進しているかもしれない。この問題を防止するための規則が国際海事機関（IMO）で検討されている。

このような汚損生物の付着は金属材料を素材とする大型船舶、繊維強化プラスチックを素材とする小型船舶や船外機、コンクリート製の岸壁や大型構造物など海洋環境に接触するすべての材料や構造物で認められている。代表的な汚損生物はフジツボ、牡蠣、ムラサキイガイなどであり、材料、地域、季節、環境、時間などにより付着する汚損生物の種類や付着量は変化する。

図 3.22 に伊勢湾岸の港の岸壁の写真を示す。このような海水に接触するコンクリート岸壁や鋼板に牡蠣が多量に付着している様子は、特に珍しい光景ではなく、読者の方々も岸壁、消波ブロック、岸揚げされた船舶の船底にびっしりと付着した汚損生物を目にされた経験がおありではなかろうか？

このように、汚損生物は生活環境さえ整えばあらゆる材料に付着し、増殖する。海洋環境での金属材料の腐食および汚損生物の付着には、環境中に存在する微生物が形成するバイオフィルムが深く関与していると考えられている。また、フジツボやイガイの付着は、付着面にあらかじめ吸着していた海洋の有機物、海棲バクテリア、付着珪藻類によって誘導されることも明らかになっている。したがって、有機物や微生物の付着、バイオフィルムの形成を抑制することにより海洋環境で使用される構造材料の使用寿命などを改善

図 3.22　伊勢湾岸の港の岸壁に付着した牡蠣

できると考えられる。

このようなコンセプトに基づいて、海洋環境で使用される大型船舶、大型構造物、発電所などの取水設備に付着する汚損生物を除去あるいは制御する試みが多くの研究者らにより検討されている。図 3.23 は筆者らが夏季の海洋環境に 1 ヶ月間浸漬した鉄鋼材料と非鉄金属材料の写真である[55]。塩化ビニル製の試料ホルダーと SS400、304 鋼、430 鋼などの鉄鋼材料には多量のフジツボの付着が認められる。一方、Ag、Cu、Sn、Zn にはフジツボの付着は少なく、特に Cu ではフジツボの付着は全く認められなかった。さらに、Ag や Sn についてはフジツボ底面のエナメル質と思われる部分を残してフジツボが脱落していることがわかる。

この結果は、微生物や汚損生物と金属材料の特性との関係を理解することによって汚損生物の付着を制御できる可能性を示している。しかしながら、

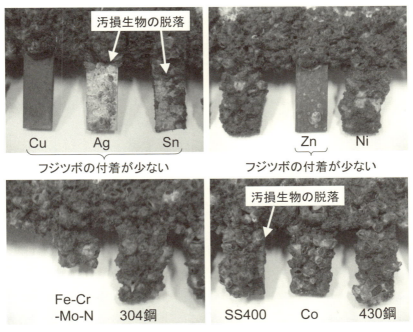

図 3.23 伊勢湾岸の海洋環境に 1 ヶ月間浸漬した種々の金属材料への汚損生物の付着状況[55]

前述したように環境中に存在する微生物や汚損生物の種類は環境、季節などによって大きく変化する。また、流れの比較的速い場所では流速耐性のある植物系の付着が多くなり、流れがないかあるいは非常に緩やかな流れのある場所には植物系よりも移動が容易な動物系の付着が多くなるとされる。これらの様々な現象が汚損生物対策をより困難かつ複雑なものにしている。

筆者らの研究では Cu が汚損生物の付着抑制に一定の効果が認められている。同様に、Cu を多く含有するキュプロニッケルや Cu-Al 混合溶射反膜においても Cu の割合が増加するとフジツボの付着が抑制される効果が報告されている。このように、Cu についてはフジツボ類に対する忌避性が高い。その他、Fe などの金属材料についても忌避性は認められるが、いずれの場合においても金属材料がイオン化して環境中に溶出することが忌避性を発揮させるために必要である[56,57]。

一方、海水熱交換器細管に使用される Al 黄銅管ではフジツボの付着とフジツボ付着部分での粒界腐食の発生が報告されている[58]。この腐食の発生要因の一つとして、死亡したフジツボの腐敗による硫酸還元菌からの硫化水素発生の促進が提唱されている[59]。したがって、材料にフジツボ類が付着した場合にはできるだけ小型のうちに材料表面から除去することが重要である。発電所などではスポンジボールを使用して汚損生物を機械的に除去するスポンジボール洗浄が行われている。また、汚損生物付着による腐食を抑制するためには忌避性を有する金属材料をバルク形状で使用するか、あるいは保護したい材料の表面にメッキや溶射により固定することが有効である[60,61]。また、Al や Zn などの Fe よりも卑な金属材料を鋼に被覆することで犠牲防食作用により鋼の腐食を防止することもできる。

大型船舶への汚損生物の付着抑制には防汚塗料が使用される。初期には有機スズなどの物質が忌避剤として使用されていたが、環境ホルモンによる巻貝の雌の雄化（インポセックス）の問題が世界に衝撃を与えたことから、2008年末をもってその存在が禁止された。現在使用されている防汚塗料はシリコンゴム系の一部を除いて自溶性をもち、海水と接触することで塗膜かフジツボ類に忌避性のある防汚成分を加水分解などの化学作用で環境中に徐放する塗料である。また、防汚成分を放出するとともに塗膜自体も溶けることで常

に塗膜表面に防汚成分が最適な状態で維持されている。このため、船底への塗装施工後3～5年で再度塗付が必要となる。塗膜自体が溶解することで塗膜表面は非常に不安定な状態となる。微生物や汚損生物は自らが生活しやすいように安定した表面に定着する傾向があるため、不安定な表面にはいったんは付着するものの定着することは少ない。防汚塗料のこの性質が微生物付着抑制の一助となっているかもしれない。

　図3.23に示したように、海洋環境に1ヶ月間浸漬したZnにはフジツボの付着が少なかった。Znは中性金属であるため水環境中で溶解する性質がある。このような金属材料の性質を利用することで環境負荷の少ない防汚技術開発が可能になると考えられる。

参考文献

[1] 日本微生物生態学会バイオフィルム研究会; バイオフィルム入門, (2005), p. 72.
[2] Licina GJ; Sourcebook for microbiologically influenced corrosion in nuclear power plants, Electric Power Research Institute Report, (1998), p.1-22.
[3] Proal A; Understanding biofilms. Bacteriality exploring chronic disease, (2008), http://bacteriality.com/2008/05/26/biofilm/.
[4] Tampuz A, Piper KE, Jacobson MJ, Hanssen AD, Unni KK, Osmon DR et al., Sonication of removed hip and knee prostheses for diagnosis of infection, N Engl J Med, 357(2007), p.654-663.
[5] Lewis K; Riddle of biofilm resistance, Antimicrobial agents and chemotherapy, 45(2001), p.999-1007.
[6] Parsek MR, Singh PK; Bacterial biofilms: an emerging link to disease pathogenesis, Annual review of microbiology, 57(2003), p.677-701.
[7] 兼松秀行, 生貝　初, 黒田大介; 金属材料表面への微生物付着とそれが引き起こす工学的諸問題について, 高温学会誌, 37(2011), p.17-24.
[8] 森崎久雄; バイオフィルムの形成メカニズムと内部の環境, バイオマテリアル－生体材料, 29(2011), p.288-231.
[9] Goode C. and Allen D. G.: Water Environ. Res., 83(2011), p. 220.
[10] 黒田大介, 鎌倉　渚, 伊藤日出生, 生貝　初, 兼松秀行; 開放型循環式冷却

塔の冷却水槽に浸漬した金属材料への微生物付着, 鉄と鋼, 98(2012), pp. 109-116.

[11] Yamamoto. M, Murai. H, Takeda. A, Okunishi. S, Morisaki. H; Bacteria flora of the biofilm formed on the submerged surface of the reed phragmites australis, Microbes and Environments, 20(2005), p.14-24.

[12] Brenda JL, Jason SL; Microbiologically Influenced Corrosion, A John Wiley & Sons, Inc., (2007), p. 1-11. 西田雄三; The Chemical Times, 204(2007), p. 2. 西野邦彦, 山口明人; 日本化学療法学会誌, 56(2008), p.443.

[13] P.K. Singh: Iron seqestration by human lactoferrin stimulates *P. aeruginosa* surface motility and blocks biofilm formation, BioMetals, 17(2004), p.267.

[14] W. A. Hamilton; Microbial Biofilms, ed. by H. M. Lappin-Scott, J. W. Costerton, Cambridge University Press, Cambridge, (1995), p.178.

[15] von Wolzogen Kuhr CAH, van der Vlugt LS; Water, The Hagure, 18(1934), p. 147.

[16] 天谷　尚, 幸　英昭; 防錆管理, 38(1994), p.397.

[17] H. Kanematsu, H. Ikigai, Y. Kikuchi, T. Oki; Transaction of the Institute of Metal Finishing, 83(2005), p.205-209.

[18] 辨野善己, 渡邊　信, 三上　襄, 鈴木健一郎, 高島昌子; 微生物自然国家戦略ガイドブック, サイエンスフォーラム, (2009), p.38.

[19] 間世田英明, 生貝　初, 黒田大介, 小川亜希子, 兼松秀行; 海洋浸漬金属付着微生物の群集構造解析, CAMP-ISIJ, 23(2010), p.668.

[20] 宮野泰征, 菊地靖志; 微生物による溶接部と金属材料の腐食劣化, 溶接学会誌, 77(2008), p.650-657.

[21] 日本微生物生態学会バイオフィルム研究会; バイオフィルム入門, 日科技連, (2005), p.72.

[22] Licina GJ; Sourcebook for microbiologically influenced corrosion in nuclear power plants, Electric Power Research Institute Report, (1998), p.1-22.

[23] 宮野泰征, 山本道好, 渡辺一哉, 大森　明, 菊地靖志; 海水中の好気性細菌によるSUS316L鋼溶接部の微生物腐食, 溶接学会論文集, 22(2004), p. 443-450.

[24] 門間改三; 鉄鋼材料学改訂版, 実教出版, (1995), p.218-222.

[25] Sreekumari KR, Ozawa M, Tohmoto K, Kikuchi Y; Adhesion of Bachillus sp. on Stainless steel weld surface, ISIJ Int., 40(2004), S54-S58.

[26] 日本微生物生態学会バイオフィルム研究会; バイオフィルム入門, 日科技連, (2005), p.88.

[27] 天谷　尚, 菊地靖志, 小澤正義, 幸　英昭, 武石義明; 溶接学会論文集,

19(2001), p.349.

[28] Sreekumari KR, Takao K, Ujiro T, Kikuchi Y; High nitrogen stainless steel as a preferred substratum for bacteria and other microfouling organisms; ISIJ Int., 44(2004), p.858-864.

[29] Walsh D; The implications of thermomechanical processing for microbiologically influenced corrosion, Corrosion/99, NACE International, Huston, (1999), paper No. 188.

[30] Nandakumar K, Sreekumari KR, Kikuchi Y; Proc. of the first int. symp. on Environmental Materials and Recycling, Japan, 1(2001), p.75-80.

[31] Marchal R, Chaussesepied B, Warzywoda M; International Biodeterioration and Biodegradeation, 47(2001), p.125.

[32] Kajiyama F, Okamura K; Corrosion, 55(1997), p.74.

[33] Videra HA; International Biodeteriaration and Biodegradation, 39(1997), p.116.

[34] Syrett BC, Arps PJ, Earthman JC, Mansfeld F, Wood TK; Corrosion/2002, Nace International, Houston, USA, (2002), p.145.

[35] Ornek D, Jayaraman A, Wood TK, Sun Z, Hsu CH, Mansfeld F; Corrosion Science, 43(2001), p.2121.

[36] Hellio C, Broise DDL, Duffosse L, Gal YL, Bourgougnon N; Marine Environmental Reseach, 52(2001), p.231.

[37] Sreekumari KR, Sato Y, Kikuchi Y; Materials Transactions, 46(2005), p.1641.

[38] 鈴木 聡, 塩川光一郎, 平松直人; 防菌防黴, 29(2001), p.433.

[39] 鈴木 聡, 平松直人; 材料とプロセス, 15(2002), p.1052.

[40] 伊藤日出生; 化学洗浄の現場実務 4, 食品と科学, 4(2012), p.70-71.

[41] 伊藤日出生; 化学洗浄の現場実務 4, 食品と科学, 12(2012), p.18-20.

[42] 塙 隆夫; バイオフィルムおよび微生物が材料に及ぼす影響, 日本鉄鋼協会, (2011), p.49-54.

[43] USA Environmental Protection Agency; Grants guide 2002, http//grants.nih.gov/grants/guide/pa-files/PA-03-047.ntml.

[44] Proal A; Understanding biofilms. Bacteriality exploring chronic disease, (2008), http://bacteriality.com/2008/05/26/biofilm/.

[45] Tampuz A, Piper KE, Jacobson MJ, Hanssen AD, Unni KK, Osmon DR et al., Sonication of removed hip and knee prostheses for diagnosis of infection, N Engl J Med, 357(2007), p.654-663.

[46] Lewis K; Riddle of biofilm resistance, Antimicrobial agents and chemotherapy,

45(2001), p.999-1007.

[47] Parsek MR, Singh PK; Bacterial biofilms: an emerging link to disease pathogenesis, Annual review of microbiology, 57(2003), p.677-701.

[48] 浜西千秋; 整形外科領域での感染, バイオマテリアルー生体材料, 29(2011), p.240-243.

[49] 竹内康雄, 和泉雄一; 歯科領域における感染, バイオマテリアルー生体材料, 29(2011), p.244-248.

[50] 古薗 勉; 循環器領域における感染 カテーテル関連感染を中心に, バイオマテリアルー生体材料, 29(2011), p.249-253.

[51] Maki DG, Kluger DM, Crnich CJ; The risk of bloodstream infection in adults with different intravascular devices. A systematic review of 200 published prospective studies, Mayo Clin Proc, 81(2006), p.159-1171.

[52] 井上善文; カテーテル敗血症は減少したか, 医学のあゆみ, 183(1997), p.224-225.

[53] 岡田 正; 高カロリー輸液実施状況に関する全国アンケート調査ーカテーテル敗血症の発生状況を中心に, 医学のあゆみ, 81(2006), p.1159-1171.

[54] 枡岡 茂; 生物付着と防汚－防汚システム開発の１つの捉え方－, 塗料の研究, 152(2010), p.47-51

[55] 黒田大介, 鎌倉 渚, 横川さおり, 生貝 初, 兼松秀行; 伊勢湾岸の海洋環境中での付着微生物と金属材料の関係, 第 58 回材料と環境討論会講演集, (2011), p.125-126.

[56] 川辺充志, 第二回銅及び銅合金技術研究会シンポジウム資料, 銅及び銅合金技術研究会, (2004), p.-1-14.

[57] 二俣正美, 冨士明良, 中西喜美雄, 鮎田耕一, 鴨下泰久; 北見工業大学地域共同研究センター研究成果報告書第一号, (1994).

[58] 川辺充志; 防食技術, 37(1988), p.131-137.

[59] 勝山一朗; 材料と環境, 42(1993), p.428-434.

[60] 地引達弘; マリンエンジニアリングにおける表面処理, 日本マリンエンジニアリング学会誌, 46(2011), p.5-10.

[61] 谷 和美; 溶射表面改質およびその環境との相互作用, 46(2011), p.20-25.

第4章　バイオフィルムを使った環境修復技術

4.1　はじめに

　産業革命以来、私たち人類は明るい未来を信じて、工業文明を発展させてきた。確かに、明日はまた今日よりなお一層発展するであろうという楽天的な考え方、いわゆる進歩の観念に警鐘を鳴らす人たちもいた[1]。しかし、大勢は環境を顧みず経済的な発展を追い求める方向に走ってきたのであったが、世紀の変わり目あたりから特に"持続的発展"の必要性が声高に叫ばれるようになってきた[2]。持続的発展のためには、限りある資源を循環して使用できるように（ゼロエミッション）構築する必要があり、そのために分離回収技術が必要となる。バイオフィルムもこのような目的に使うことができれば、これからの産業に必要なものとなっていくことであろう。幸いにして、これまでにバイオフィルムの分離回収技術の検討がなされてきており、それらの検討がまだ揺籃期にあるとはいいながら、バイオ技術の適用という観点からバイオフィルムがさらに利用できる可能性があることは特筆すべきことである。

　バイオフィルムの工業利用として以前から注目されているプロセスにバイオレメディエーションがある。バイオレメディエーションは"微生物を利用した環境修復技術"と定義することができる。代表的な例として、土壌汚染物質を微生物によって無害化する処理や流出した油の処理に使われる微生物などが挙げられる。この技術は微生物の新陳代謝を利用したものであり、「微生物あるいはその産生物質により汚染物質をより無害な形態に変化させるプロセス」[3]をいう。これについて、これまで多くの研究がなされてきたが、近年の細菌学の急速な進歩に伴い、特にバイオフィルムの重要性が認識され、

この観点からプロセス自体が再構築されてきている。

　細菌を使わない物理化学的なレメディエーションは通常汚染物質が高濃度であったり、また比較的短時間で修復が必要な場合に用いられる。これに対して微生物を用いたバイオレメディエーションは、汚染濃度が比較的低濃度で長時間かけての修復が許される状況で用いられることが多い。これに加えて、地下水など通常の物理化学的な手法では難しい環境への適用がなされる。いわば大面積の対象に対して、長時間かけて環境負荷の低い方法で修復が求められるケースに最適な手法であると考えることができる。

　このような微生物を用いた環境修復技術の中で、バイオフィルムを用いたレメディエーションの最大の利点は、系中の微生物の存在密度が非常に高いことである。これは小規模の設備あるいはプロセスによって、環境修復の効率を最大限に高めることのできる可能性を秘めていることを示唆している。バイオフィルムを使った環境修復技術としては、地下水の浄化などの水処理、あるいは汚泥処理を挙げることができるが、本章では特に各種金属元素の除去に用いられるバイオフィルムを使った環境修復技術に着目して解説する。

4.2　環境修復プロセスにおけるバイオフィルムの役割

　微生物が数多くの有機物質、無機物質を分解したり、吸収したりすることはかなり以前からよく知られていた。これを用いて行われるのがバイオレメディエーションであるが、特にバイオフィルムを用いることによって行われる修復プロセスの場合には、特色として次の諸点が挙げられる。

　①　環境修復に効果的な細菌を環境から守ることが可能

　バイオフィルム形成はそもそも細菌が生き残り戦略として身につけた、生体機能である。バイオフィルムが形成されることによって、流れに飛ばされず原位置に留まることができる確率が高くなる。また、より大型の生物から身を守ることができ、抗生物質なども効きにくくなって生存する確率が高まるのである。このことはバイオレメディエーションの観点から考えると、より長い時間環境修復プロセスが機能することにつながる。

　②　化学物質を用いた環境修復と比較すると、自然環境下で存在する細菌

を用いることが多いため、総じて環境に優しい。

③　化学物質を用いた環境修復と比較して、より低濃度の汚染に対しての除去法として有効である。

④　しばしば高価な化学物質の使用を避けることができる。

したがって、細菌とそれが形成するバイオフィルムによって行う環境修復技術は、低濃度の汚染を長時間かけて、環境に負荷をかけずに実現する比較的安価な技術であるといえる。

4.3　バイオフィルムによる環境修復技術の分類

バイオフィルムを用いた環境浄化技術は大きく分けて原位置浄化法（in situ bioremediation）と施設外浄化法（ex situ bioremediation）に分類される。

原位置浄化法は基本的に対象としている除去したい物質が存在している環境中において浄化するプロセスである。これに対して施設外浄化法は、汚染地域から離れた場所に設備を設置し、そこで浄化を行う方法である。図4.1に環境修復技術の分類をまとめて示す。

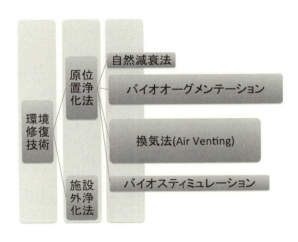

図4.1　各種環境修復技術の分類

4.3.1 原位置浄化法

　原位置浄化法はさらに、自然減衰法（natural attenuation）、バイオオーグメンテーション（bioaugmentation）、換気法（air venting）、バイオスティミュレーションに分類される。

　自然減衰とは、除去対象物質が系中に存在する物質に吸着されたり、気相中に蒸散したり、また系に存在する微生物によって分解されたりする、自然の浄化作用により、その濃度が減少していく現象である。いわば自然現象による環境浄化技術であるが、単に自然に任せた消極的なプロセスではなく、様々な物理的、化学的手法を組み合わせることによって、ある程度人工的、人為的にその自然作用を加速させて環境修復、環境浄化を図るプロセスである。利点としては大がかりな設備を必要とせず、低コストでのプロセス整備ができることが挙げられる。地下水の浄化が具体例として挙げられる。

　バイオオーグメンテーションは、自然減衰とは対照的に、いくつかの環境修復に有効とされる細菌を含む培地を汚染環境中に接種する方法である。もともと存在しなかったか、あるいは非常に少ない状態で分布していた汚染環境中に強制的に外部から細菌群を導入する点で、自然減衰法とは大きく異なる。本来環境中に多数存在しなかった細菌種を導入するため、生態系バランスが崩れることが懸念され、環境省と経済産業省により「微生物によるバイオレメディエーション利用指針」が出されて、環境評価や大臣認可の必要性が指摘されている。しかし、これまでの研究によると、その環境中において、人工的に導入された細菌群が長期間生存することは一般に難しく、その結果バイオレメディエーションの効率が細菌種の現象とともに低下することが多い。バイオオーグメンテーションはまだ実験段階、実証段階にあり、完全な実用化には至っていないが、今後研究を積み重ねていくことにより、実用化が次第に進んでいくと思われる。

　換気法は空気を吹き込むことによる浄化法である。多くの有機物は嫌気性環境下よりも好気性環境下において遥かに効率よく分解できる。なぜならば、有機物の安定な化学結合を断ち切るためには大きいエネルギーが必要とされるからである。このため、最近盛んに用いられる方法の一つである。上記のとおり有機物の分解を促進するのに加えて、例えば地下水中に空気を吹き込

む場合は、汚染物質を気泡中に分散させ、土壌ガスとともに抽出除去することも可能である。しかし、この方法を用いることが汚染の拡散につながる危険があるため注意を要する。

バイオスティミュレーションは、対象とする環境下で必要とする細菌の増殖が活発に行われるよう、栄養を加えたり酸素を付加したりする方法である。菌体そのものを添加するバイオオーグメンテーションとは異なり、種々の栄養などを添加することによって、すでに存在する菌体の増殖が可能となる。典型的な例としては、トリクロロエテン（trichloroethene、TCE）で汚染された区域に電子供与体である乳酸塩を加えることにより、*Dehalococcoides ethenogenes* の増殖が活発に起こるようになり、トリクロロエテンの脱ハロゲン化が起こって、汚染が除かれる場合が挙げられる。また、エタノールを電子供与体および炭素源として加えることによって、脱窒菌であるところの鉄（III）還元菌、硫酸還元菌を刺激してウラン（VI）の生物学的還元を実現した例もある。

これら栄養分の添加とは別に酸素を富化することによって行われるバイオスティミュレーションも可能である。多くの有機物は嫌気性環境下よりも好気性環境下において遥かに効率よく分解できる。なぜならば、有機物の安定な化学結合を断ち切るためには大きいエネルギーが必要とされるからである。好気性環境ではこれが可能となる。

現時点では実用化されていないバイオオーグメンテーションと比較すると、環境修復に要する時間が短く、実用化されている例もあり、優位にたっているといえる。

4.3.2 施設外環境修復技術（ex situ bioremediation）

前項で検討した in situ な修復技術は、現地の環境の中で行う技術であったが、それに対して、現地からは離れた場所に設置された施設を用いて行う ex situ なプロセスが施設外環境修復技術である。施設外に作られたバイオリアクターを用いて様々な汚染物質の除去が検討されている。バイオリアクターとしては、シリコンチューブ膜、粒状活性炭、流動床、中空糸膜などを用いたものが考案されており、検討が重ねられ実用化されている。これらについ

ての詳しい知見が必要な読者は他の文献を参照されたい[4]。

4.4 バイオフィルムを用いた金属元素などの除去

　土壌および地下水の最大の汚染物質は、金属元素によるものである。金属元素は土壌から、あるいは直接に地下水に混入し、やがては生体内に摂取されて、細胞や肝臓、腎臓のような各種生体内器官に蓄積される。金属によって生体に与える影響はまちまちであり、許容される量も様々である。図 4.2 に摂取された金属元素の量と生体が起こす応答（例えば毒性）を示す[5,6]。

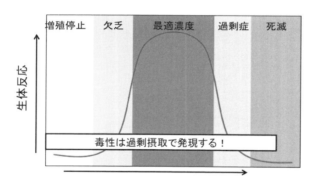

図 4.2　金属元素濃度と生体反応の一般的相関[5,6]

　この図に模式的に示されるように、ある量の範囲で毒性などの応答が起こるため、汚染を防ぐにはその範囲を正確に理解することが必要である。一般に水溶性の金属が大きな問題を引き起こす。これは一つには水中に溶解することによって、金属の移動が容易となり、広範囲の地域が汚染の対象となる可能性が出ることがその理由である。またもう一つの理由は、水中に溶解してイオンとなることによって、生体と相互反応を起こしやすくなりダメージを与える可能性が高くなるからである。多くの金属イオンは、タンパク質と結合することによって、細胞の機能をしばしば低下させる。

こうした背景から、いろいろな方法で調べられた生物学的許容範囲をもとに、各国や様々なコミュニティーによって土壌、地下水などの水質中に許容される各金属元素の濃度が規定されている。例えば、米国環境保護庁（EPA）は 2009 年時点において多くの金属について 5 から 50 µg/l にその基準値をおいている[7]。以下に代表的ないくつかの金属、半金属元素とそのバイオフィルムを用いた除去技術について概説するが、その前に共通となる基本的考え方を述べておきたい。

4.5 バイオフィルムの形成と有害金属元素除去の可能性[8]

バイオフィルムはすでに繰り返し述べられているように、細菌が材料表面に付着して、多糖や細胞外 DNA を排出することでできる、粘性に富んだ EPS によって形成される膜状の物質である。構成成分は細菌と EPS および水であり、水は 80%以上ともいわれている。その概要を図 4.3 に示す。

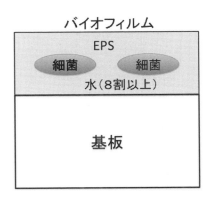

図 4.3　バイオフィルム構成の概略図

すでに述べたように、金属元素が有害となるのは、水環境で金属がイオン化するためである。イオン状態になると生体細胞との相関が起こりやすくなることと、自然環境中で移動しやすくなるために広域を汚染する可能性が出るからである。そのため、通常環境修復プロセスとしては、イオンとして酸

化状態にある金属を還元することと、不溶性にするなどして、移動度を下げて局所的に有害金属を固定することが肝要である。

バイオフィルムを用いた有害元素を水中の成分から分離除去するプロセスとして、実際に検討されているのは次の二つである。一つはバイオフィルム中に存在する細菌の新陳代謝に関する反応を用いて、有害元素を還元する、いわゆる生物学的還元（バイオプレシピテーションを含む）である。いま一つは、生体を使って有害物質を吸収して固定する生物吸収（バイオソープション、固定化も含む）であるが、生物吸収の場合は有害物質を無害なものに変えるというよりは、有害な状態で固定して移動しないようにするというコンセプトで環境修復を行う。そのため、実際への応用を考える場合、吸収分離後それを除去するプロセスを考えなければならないのが一般的である。

生物学的還元は、分離除去対象の金属元素によって、特定の細菌が見つかっており、その形成するバイオフィルム中で還元反応が起こることが確認されている場合に実現可能性が高くなる。しかし、実際にはバイオフィルムは多数の細菌群から構成されており、他の細菌の存在による影響などはそれほど明らかにされていないのが現状である。実際の工業化を考える際には、この観点からの検討が必要となると思われる。生物吸収に関しては、主にバイオソープションの役割を果たすのは、バイオフィルム中の EPS であり、多糖あるいは細胞外 DNA であると思われる。同じように単一あるいはたかだか数種の培養可能な細菌を用いた研究室的検討とは異なり、現実の系は複雑な細菌群からなっており、そのため EPS も複雑かつ多種多様であり、それらの構成、構造は構成される細菌群に依存する。工業化のためにはなおこれについての研究も一層の検討を必要としていることはいうまでもない。表 4.1 に重金属をバイオフィルム反応容器中で形成されたバイオフィルムで分離回収した研究の実例のいくつかを示す。

さて、以上見てきた基本的考え方にもとづいて、以下にいくつかの金属について解説する。

4.5.1 クロム

クロムは工業的にはステンレス鋼の主要成分であり、また炉材、染色剤、

表 4.1　バイオフィルム反応容器中における重金属のバイオレメディエーション例[8]

反応容器あるいは実験条件	回収方法	回収された重金属	参考文献
嫌気性-無酸素性-酸素性（A_2O）バイオフィルムプロセス	バイオソープション	Zn、Cd、Ni	[9]
流動床サンドフィルター	バイオソープション、バイオプレシピテーション	Cu、Zn、Ni、Co	[10]
微小藻固定用回転バイオフィルム反応容器	固定化	Co	[11]
粒状活性炭素上に形成するバイオフィルム	吸着	Cd、Cu、Zn、Ni	[12]、[13]
細菌固定コンポジット膜反応容器	バイオプレシピテーション	Cd、Zn、Cu、Pb、Y、Co、Ni、Pd、Ge	[14]

　なめし革、触媒、木材保存などに用いられる。これらの廃棄物あるいは鉱山、化石燃料の燃焼、鉄鋼精錬などから環境中に排出される。クロムは金属クロム（0価）、三価クロム、六価クロムの状態で自然界に存在するが、生体への悪影響という観点からは、六価クロムが最も有害である。

　六価クロムが有害なのは、その強い酸化力と移動性が高いこと（水溶性）、そして生体利用効率（bioavailability）が高いことが原因である。短期間の暴露では、人体あるいは動物の皮膚にアレルギーを引き起こすが、長期間暴露すると、例えば呼吸器系からの吸収で肺がんのリスクが大きくなることが指摘されている。そのため、六価クロムは発がん性物質としてリストアップされ、有害物質として認定されている。また、植物に対しても、発芽と成長に悪影響を与えることがしばしば指摘されている。具体的には、光合成や、水、

ミネラルの摂取を阻害するとされている。

　六価クロムが有害なのに対し、同じイオン状態でも三価のクロムは生体に対して有害であるとの報告が全くない。むしろいくつかの細菌には必須であるとの報告もある。そのため、環境修復技術としては、主として六価クロムを三価に還元する方法が検討されてきた。

　実際に直接間接的に六価クロムを三価クロムに還元することのできる細菌はいくつか報告されている。その一つが DMRB（Dissimilatory metal reducing bacteria、異化型金属還元菌）である。副反応として六価クロムが還元される。また、よく知られたメタン産生菌、*Methylococcus capsulatus* は六価クロムを三価クロムに還元するといわれている。製鉄所付近の土壌中の細菌の集合体が六価クロムを三価クロムに還元するが、その中から嫌気性菌の *Pannonibacter phragmitetus* が単離されたとの報告もある。その他いくつかの六価クロム耐性菌の報告が認められるが、一方において ESP 中の六価クロムは生物吸収（biosorption）によってバイオフィルム中に固定される可能性もある。この方面の研究はさらなる検討を必要としているが、場合によっては、六価クロムを細菌の新陳代謝によって直接、間接的に三価クロムに還元し、これを EPS によって固定といったことが可能になるかもしれない。

4.5.2 銅

　銅は電線に多用されている非常にポピュラーな金属であり、その合金は加工性がよいために、コインや鍵、ねじなど、日用品の至る所に用いられている金属である。そのため、各種廃棄物や化学薬品として環境中に放出され、錯体、有機金属その他土壌成分として土中の表面層に存在する。これらは銅単体、あるいは錯体として存在しているが、そのいくつかは水溶性であり、地下水への汚染が懸念されている。銅が吸入あるいは食物として摂取され人体に入ると、量が多くなると様々な障害を引き起こすことが知られている。例えば、ダストから呼吸器系を経て人体に入ると、呼吸器系臓器に炎症を起こすといわれている。また、食物、飲料水として経口摂取されると、量が多くなると肝障害、腎臓障害を引き起こすが、今のところ発がん性を示す指摘はなされていない。銅の除去もクロムなどと同様に、一つは二価の銅を還元

して金属（0価）にする生物的還元か、あるいは EPS への生物吸収が検討されている。

4.5.3 亜鉛

亜鉛は鉄鋼精錬、非鉄製錬、あるいは鉱石そのものから、また各種汚泥や浄水からさえも環境中に流出する可能性がある。魚から食物連鎖の一環として、人体に取り入れられることもあるであろう。近年しばしば指摘されているのが、海洋汚染とりわけ海洋低質層の亜鉛の濃縮である。図 4.4 は産業総合研究所が著した「日本の地球化学図」[15]である。図は日本近海の底質中

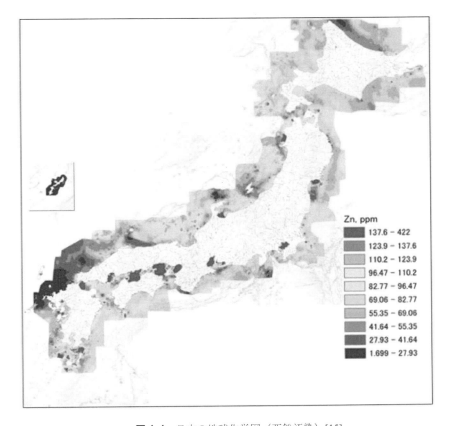

図 4.4　日本の地球化学図（亜鉛汚染）[15]

における亜鉛の汚染の程度を示しているが、特に少し濃く示されている領域は 137.6〜422 mg/kg の含有量に対応する。海洋低質層に生息する低生生物は一般に 150 mg/kg を超えると死滅するといわれているので、少し濃く表示されている領域の、東京湾、大阪湾、伊勢湾、瀬戸内海など活発な工業地域の沿岸の海底底質層では生物の生存とバランスが崩れていることが予想される。これらの高濃度の亜鉛は魚を介して食物連鎖で人体に影響を与えることも考えられる。人体や動物への影響については、比較的高濃度では胃けいれん、膵臓へのダメージ、貧血などが考えられるが、一方において亜鉛は人体に取って必須元素であり、亜鉛がある濃度以下となり欠乏すると、免疫能低下・味覚嗅覚障害・口内炎・皮膚炎・うつ状態・白内障になるといわれており、がんを発症するという報告もある。したがって、その適正な範囲を明確にし、それを超えた濃度になっている領域を浄化の対象として考えていくべきものであることがわかる。

亜鉛は従来施設外環境修復技術によって分離除去されることが多い。化学物質の添加による固定、不溶化、透過性の減少、セメント、ポゾランへの固定などが行われているが、近年バイオフィルム中に固定することができる可能性が指摘されてきており、今後の検討が待たれている。

4.5.4 カドミウム

カドミウムは人体に有害であり、我が国では富山県の神通川流域で発生したイタイイタイ病の原因としてよく知られている。亜鉛精錬、アルミニウム精錬、鉄鋼精錬などで環境中に放出され、これが吸入、あるいは皮膚接触または水生生物などを介して人体に吸収され、腎臓に蓄積され、中毒を発症する。もともと我々日本人の主食である米にもある程度含まれるが、ある一定の量以上になると、毒性を発現する。米国環境保護庁（EPA）は、規制値を 5 µg/l に、また WHO は 3 µg/l に設定している。我が国の農用地土壌汚染防止法では、カドミウム含量 1 mg/kg 以上の玄米を産出する地域が土壌汚染対策地域に指定され、土壌改良の事業対象とされている。従来から提案されているカドミウムからの修復法は、客土法、固形化処理、ガラス化、土壌洗浄法などであるが、これらはコストがかさむため、汚染濃度が極めて高いところ

に適用すべき方法である。

一方、カドミウムのバイオレメディエーションはまだ始まったばかりであり、バイオフィルム中のEPSがカドミウムを吸収し、環境中から分離除去する可能性が指摘され、この工業化への応用研究が一層展開されることが待たれている。

4.5.5 アクチノイド系元素

アクチノイドはアクチニウムからローレンシウムまでの15の元素を指す。電子配置の観点からは、5f軌道の電子が詰まり始めるシリーズの原子であり、主に石油精製・天然ガス燃焼の結果自然界に放出される可能性がある原子群である。これらの中でバイオフィルムによるバイオレメディエーションの対象となっているのは、ウラン（U）、テクネチウム（Tc）、プルトニウム（Pu）、ネプツニウム（Np）である。これらについての細菌の生物学的作用については知られていないため、生物学的還元はあまり期待できない。一方において、生物吸収が起こること、またEPSによる還元が起こることが知られている。この意味からEPSによるアクチノイド系元素の分離除去の今後の展開が期待できる。

ご存知のように、我が国は2011年に東北地方において、未曾有の地震が発生し津波に襲われ、福島原子力発電所が被害を受け放射能が漏れる重大な事故が発生した。その結果、放射能除染の問題が現在も主要な関心事である。アクチノイドの一つの特徴は、すべての元素が強い放射能を有していることであり、これらとの関連からも、バイオフィルムによる環境修復技術に関心がもたれるところである。

4.5.6 ヒ素

ヒ素は厳密にいうと金属元素ではなく、半金属（メタロイド）というのが正確かもしれない。半金属は、金属と非金属の中間的性質を示す元素であり、具体的にはホウ素、ケイ素、ゲルマニウム、ヒ素、アンチモン、テルルの6元素である。その中でもヒ素は、銅、亜鉛、鉛精錬の副産物として鉱山の廃液などに含まれ、その毒性が高いことが問題となることがしばしばである。

実際にアジア全域、アフリカ、南米などでは、ヒ素の含有する水を飲むことでヒ素中毒になっている患者の数は、開発途上国を中心に 2,000 万人ともいわれており、効率のよいヒ素除去システムの開発が待たれている。ヒ素をヒトが摂取した場合には、5〜50 mg で中毒症状を起こし、5〜7 mg/kg で死に至る。

米国環境保護庁（EPA）あるいは WHO は規制値を 10 μg/l としている。我が国の水道水の基準値もやはり 10 μg/l で排水の基準値は 0.1 mg/l である。特徴としては硫黄、塩素、酸素などとの無機化合物のほうが、その有機化合物よりも遥かに毒性が高いことが挙げられる。

一般に従来のヒ素の除去法としてあげられているのは、ポリ塩化アルミニウム、塩化第二鉄を用いた共沈法、活性アルミナ法などの吸着法などであるが、廃棄物が大量に発生するなどの問題を抱えており、有効な新しい除去法、環境修復技術の開発が急務である。これに対して、微生物を用いた環境修復技術は、低コストで廃棄物の量を抑えることができるため、バイオフィルムを用いた環境修復技術は、地下水を中心に検討が進められている。

三価と五価のイオンが存在するが、三価は毒性が極めて高く、これに比べて五価のヒ素イオンはより毒性が低く、また移動性も低い。そのため、微生物を用いたヒ素の除去プロセスの基本は、細菌により三価のヒ素を五価に酸化し、毒性、移動性を弱めた上で、これをセメントあるいはポゾランのような不活性物質に吸わせたり、また塩化鉄を使って共枕させることである。三価のヒ素を酸化させる細菌としては *Dechloromonas* 種あるいは *Stenotrophomonas* 種が考えられている。

以上、環境を汚染する可能性が取りざたされている代表的ないくつかの金属と半金属について、バイオフィルムを使った環境修復技術を紹介した。すでに述べたように、原位置浄化を目指した環境修復技術としてバイオフィルムを捉えた場合、バイオフィルムを構成する細菌群は極めて多種多様の複雑な構成となっており、その結果形成される EPS も極めて複雑であると考えなければならない。この観点から、今後の研究はこうした複雑な実際の系を用いた解析を駆使した研究が望ましく、そのような方向への検討が待たれてい

るのが現状である。

参考文献

[1] レイチェル カーソン（著），青樹簗一（翻訳）：沈黙の春，新潮文庫 1974 年
[2] 山内睦文：人類と資源，風媒社 2012 年
[3] Bragg,J.R., Prince, R.C, Hariner, E.J., Atlas, R.M, Effectiveness of bioremediation for the Exxon Valdez oil spill Nature 368, p.413-418 (31 March 1994); doi:10.1038/368413a0 1994
[4] 川崎睦男ら，膜の劣化とファウリング対策-膜汚損防止・洗浄法・トラブルシューティング 2008: 出版社 NTS. p.456.
[5] 鈴鹿高専小川亜希子博士講演原稿より修正して作成
[6] 桜井弘：金属は人体になぜ必要か 講談社ブルーバックス 1996 年
[7] EPA, U.S. Drinking Water Contaminants, 816-F-09-0004
[8] Singh, R., Paul, D., and Jain, R.K., Biofilms: implications in bioremediation. Trends in Microbiology, 2006. 14(9): p.389-397.
[9] Chang, W.C. et al., Heavy metal removal from aqueous solution by wasted biomass from a combined AS-biofilm process. Bioresour. Technol. 97, p.1503-1508, 2006
[10] Diels, L. et al., Heavy metal removal by sand filters inoculated with metal sorbing and precipitating bacteria, Hydrometallurgy, 71, p.235-241, 2003
[11] Travieso, L. et al., BIOALGA reactor: preliminary studies for heavy metals removal. Biochem. Eng. J. 12, p.87-91, 2002
[12] Scott, J.A. and Karanjkar, A.M. Immobilized biofilms on granular activated carbon for removal and accumulation of heavy metals from contaminated streams. Water Sci. Technol. 38, p.197-204, 1998
[13] Scott, J.A. et al., Biofilms covered granular activated carbon for decontamination of stremas containing heavy metals and organic chemicals. Minerals. Eng. 8, p.221-230, 1995
[14] Diels, L. et al., The use of bacteria immobilized in tubular membrane reactors for heavy metal recovery and degradation of chlorinated aromatics. J. Memb. Sci. 100, p.249-258, 1995
[15] 産総研：日本の地球化学図 産総研ホームページ，
https://gbank.gsj.jp/geochemmap/

第5章 エネルギーとバイオフィルム

5.1 はじめに〜エネルギー問題とバイオ技術の応用〜

　原発問題、地球温暖化、原油高騰、食糧問題などが、毎日のように報道で取り上げられているが、これらは地球上での「経済発展」・「資源・エネルギー・食糧問題」・「環境問題」というトリレンマの関係にある課題に帰着することができる。このトリレンマの解決のために、再生可能でかつ二酸化炭素を発生しないエネルギーを創る方法の確立が強く求められている。この候補としては、太陽光、風力などの自然エネルギーと並んで、バイオマス（生物またはその排出物）由来のエネルギーに注目が集まっている。

　エネルギー源としてのバイオマスの最も典型的な利用方法は燃焼である。バイオマスは有機物であるため、燃焼させると二酸化炭素が生成するが、バイオマスが植物の場合、バイオマスに含まれる炭素は、そのバイオマスの成長過程で光合成により大気中から吸収した二酸化炭素由来であるため、バイオマスの燃焼は、大気中の二酸化炭素量を増加させない、すなわち、カーボンニュートラルと解釈されている。また、バイオマス由来のエネルギーは、その源は植物によって取り込まれた太陽エネルギーであるため、その途中過程でのエネルギー変換効率が十分高ければ再生可能エネルギーともいえる。こういった観点から、近年バイオマスを利用するエネルギー生成プロセス、例えば、バイオエタノール[1]、バイオ水素、バイオ燃料電池などに注目が集まっている。

　合成アルコールは、通常、天然資源であるエチレンガスを原料とした化学合成によって造られるが、バイオマス（通常、植物）を原料とするエタノールをバイオエタノールと呼ぶ。当初は、トウモロコシやサトウキビ由来のバイオエタノールに関する研究が主であったが、これらは食物でもあるため地

球の食糧問題と絡んでの問題が指摘されており、最近は、木材などに含まれるリグノセルロース系バイオマス由来のエタノールにも研究対象が広がっている。

また、水素は、通常、水の電気分解や、メタンを主成分とする天然ガスの水の水蒸気改質によって生産する方法が主流であるが、原料がバイオマス由来[2]、もしくは、製造過程で生物の生体機能（光分解反応、発酵反応など）を利用し生産される水素[3]をバイオ水素と呼ぶ。

これらエタノールや水素は、内燃機関などでの燃焼によりエネルギーを取り出す以外に、燃料電池の燃料としても用いることができる。次節では燃料電池について簡単に説明する。

5.2 燃料電池[4]

燃料電池とは、水素や有機物（アルコールなど）などを「燃料」とし、それが酸素と結合する化学エネルギーを、電気化学反応を用いて、電気エネルギーに変換する装置である。燃料極（以下アノード）と空気極（以下カソード）があり、それらはセパレーターで分けられている。燃料が水素である場合、その電気化学反応は、「水の電気分解反応の逆反応」である。具体例とし

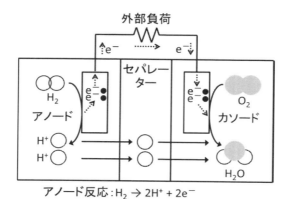

図 5.1　代表的な燃料電池の模式図

て、燃料が水素の場合を考える。燃料電池の模式図を図 5.1 に示す。このとき、アノードでは、燃料が分解され水素イオン（以下プロトン）と電子を生成する。

$$H_2 \rightarrow 2H^+ + 2e^-$$

生成したプロトンはセパレーター中を拡散してカソードに移動するが、電子はアノードに渡された後、外部回路を通じてカソードに移動する。その後、カソードでプロトンと電子と、何らかの形でカソードに供給された酸素ガス（酸化剤）とが結合して水が得られることにより、荷電粒子の流れが完結する。

$$2H^+ + 2e^- + \frac{1}{2}O_2 \rightarrow H_2O$$

その結果、電子が外部負荷を通過する際、電力が取り出されるという仕組みである。ここで、アノードで生成したプロトンと電子が即座にアノード上で酸素ガスを介して再結合しないために、酸化剤である酸素ガスはカソード近傍のみにあり、アノード近傍では希薄である。すなわち、アノード近傍は嫌気性雰囲気に、カソード近傍は好気性雰囲気に保たれていることが必要であることを追記しておく。

燃料電池そのものは、CO_2 を発生させないため極めてクリーンなエネルギー生成装置である。また、室温（25°C）では、熱機関は効率が原理上 0 であるのに対し、燃料電池の理論効率は 83％であるのも大きな特徴の一つである [5]。

バイオ燃料電池とは、一般的に、燃料電池の反応過程に生物の生体機能を利用する燃料電池のことであるが、燃料（の原料）がバイオマスの場合もある。次節では、バイオ燃料電池の中でも微生物の生体機能を利用する微生物燃料電池について説明する。

5.3 微生物燃料電池（microbial fuel cells；MFC）

まず、微生物の燃料電池への応用を考えるにあたって重要な細胞呼吸（内呼吸）について、簡単に説明する[6,7]。一般的に、呼吸とは、動物、植物な

どが、空気中あるいは水中の酸素を呼吸器官あるいは体表から体内に取り入れ、二酸化炭素を放出することをいう。このことを厳密には外呼吸と呼ぶ。例えば、人間は肺呼吸、魚はえら呼吸を行っているが、これらは皆外呼吸である。次に、外呼吸により血液中に取り込まれた酸素は、体内の細胞や組織に運搬された後、養分（有機物）が分解されて得られたプロトン（水素イオン）や電子と結合して、水などを放出する。このとき、酸素は電子受容体（電子の受け取り手）として働いている。この細胞や組織における酸素の消費を細胞呼吸（内呼吸）という。一般的な微生物も細胞呼吸を行って生体活動に必要なエネルギーを得ている。また、微生物の一部には、酸素以外の物質を、細胞呼吸時の電子受容体とするものもあり、細胞の外にある物質を電子受容体とする微生物も存在することが知られている。ここでのポイントは、「微生物が細胞呼吸を行う場合には何らかの電子受容体に電子を渡す必要がある」ことと、「その電子受容体が酸素でない場合は、酸素がなくても細胞呼吸が行われる」ということである。

微生物燃料電池（以下 MFC）は、ある種の微生物が細胞呼吸により燃料である有機物を分解する際に電子を金属（電子受容体）に渡すという性質を利用してエネルギーを取り出す装置である。一般的な MFC の発電メカニズムは以下のとおりである。

無酸素ないし低酸素状態下において、有機物（炭水化物）は微生物によって、二酸化炭素とプロトンと電子に分解され、電子はアノードに渡される。ここで、もし、生成した電子がアノードに渡される前に酸素との結合などで消費されてしまえば、電子は電極には渡されず、電池としては機能しないことに注意が必要である。よって、MFC も一般的な燃料電池と同じく、アノード近傍は嫌気性雰囲気、カソード近傍は好気性雰囲気に保たれていることが必要である。一方、水素イオンは電解液中ないしセパレーター中を移動してカソードで電子をもらいカソード近傍に供給された酸素などの酸化剤と結合して、水になる。代表的な MFC としては、アノードおよびカソードには白金ないしカーボンが、セパレーターとしては陽イオン交換膜が用いられている。

MFC の形状としては様々なタイプが報告されているが、図 5.2 に示すとお

第 5 章　エネルギーとバイオフィルム　　　　　　　　　　77

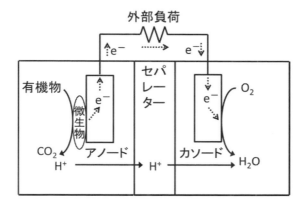

(a) 2 槽型 MFC

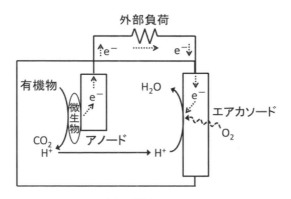

(b) 1 槽型 MFC

図 5.2　一般的な MFC の模式図

り、大きく分けて 2 槽型と 1 槽型に分類できる。いずれの MFC も、前述のとおり、アノード近傍は嫌気性雰囲気、カソード近傍は好気性雰囲気に保たれていることが必要である。2 槽型 MFC ではアノード槽とカソード槽が水素イオン透過性を有するセパレーター（ナフィオン膜など）で仕切られており、酸素などの酸化剤はカソード槽のみに供給され、アノード槽は低酸素状態に保たれる。このタイプは 2 槽間で酸素濃度を大幅に変化させることがで

きるため、エネルギー回収効率が高くなるが、酸素の水への溶解度が低いため、通常カソードへの酸素の供給が全電池反応における律速過程となる。そのため、反応速度を上げるためにはカソード槽への通気などが必要となるか、もしくは酸素の代わりに別の酸化剤、例えばフェリシアン化カリウムなどを用いる必要がある。

このカソードへの酸素の供給の問題を低減するために提案された構造が 1 槽型の MFC である。1 槽型の MFC ではエアカソードと呼ばれる膜タイプの空気極が使用される。エアカソードは酸素の透過性をもつため、大気から直接酸素を供給することができる。そのため、大気中（カソード外側）から透過した酸素はカソード内側にコーティングされた触媒上で水素イオンと反応し水となる。このシステムでは 2 槽型と比較してセパレーターを用いなくてもよく、内部抵抗が低くできるため得られる出力が高い傾向にあるが、アノード近傍にまで到達した余剰の酸素が微生物によって消費されるためにエネルギー回収効率は若干低くなるというデメリットも存在する。

5.4　堆積物微生物燃料電池（sediment MFC）

堆積物微生物燃料電池とは、アノードを湖沼や海の堆積物中に、カソード

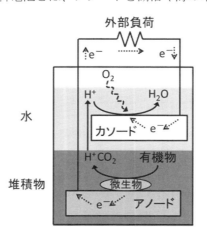

図 5.3　堆積物 MFC の一例の模式図

を堆積物近傍の水中に設置することにより、堆積物中における微生物による有機物（バイオマス）の分解を利用する MFC である[8]。発電原理は 5.2 節に示した一般的な MFC とほぼ同様である。一般的に、堆積物中が嫌気性雰囲気であるのに対し、水中は比較的好気性雰囲気であることから、自然と、堆積物中に設置されたアノードは嫌気性雰囲気に、水中に設置されたカソードは好気性雰囲気に保たれることが大きなメリットの一つである。よって、セパレーターも不要である。この方式でも、カソードへの酸素の供給が反応の律速過程となるため、反応速度を上げるために、カソードを回転させることにより酸素の拡散を早くする試みがなされている[9]。また、カニやエビなどの甲殻類の殻に含まれるキチン質などをアノードに直接添加するという試みもある[10]。さらに、電源フリーかつワイヤーフリーの環境モニタリングセンサーとしての応用例も提案されている[11]。

5.5 光微生物燃料電池（photo MFC）[12]

微生物が外界からエネルギーを得る方法は有機物の分解だけではない。光合成色素をもつ微生物は光合成によりエネルギーを得ることができる。もし、MFC における「燃料」の代わりに光合成を用いて、「光エネルギー」を利用することができれば、それはいわば「微生物太陽電池」と呼ぶことができる。しかしながら、現在のところ、光エネルギーを直接、電気に変換できる微生物は発見されていない。そこで、ここでは、MFC に光合成の効果を取り入れた光微生物燃料電池（photo MFC）について研究例を報告する。

(1) メディエータ型 photo MFC

電子の授受が可能である、すなわち、電子伝達を介在する化学物質のことをメディエータという。メディエータ型 photo MFC とは、人工的なメディエータを電解液中に添加することにより、光合成色素をもつ微生物が光合成により得られた電子を微生物内で受け取り、微生物から出て金属であるアノードに渡している。この電池は光照射下で光エネルギーを電気エネルギーに変換するだけでなく、光照射時に微生物内に蓄えられた有機物によって、光非照射時でも電気エネルギーを取り出せるという特徴を有している。K. Tanaka

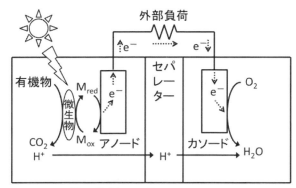

図 5.4　メディエータ型 photo MFC の一例の模式図

らによって、メディエータには 2-ヒドロキシ-1,4-ナフトキノンを用いるものなどが報告されている[13]。この方式の問題点は、メディエータに毒性がみられる場合が多いことと、電池が比較的短寿命であることが挙げられる。

(2) 電極触媒型 photo MFC

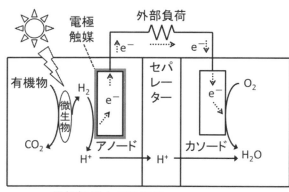

図 5.5　電極触媒型 photo MFC の一例の模式図

5.1 節で簡単に紹介したように、バイオ水素は、生物の生体機能を利用し生産することができる。微生物の光分解反応によりアノード電極表面上の電極触媒上でプロトンからバイオ水素を生成し、それを燃料として動作する MFC のことを電極触媒型 photo MFC という。M. Rosenbaum らは導電性ポリマーで被覆した白金電極をアノード電極とし、緑藻を含んだ溶液中において硫黄の少ない条件下で動作させた[14]。電極触媒材料の最適化が本手法のポイントであり、触媒活性持続性とコスト面の改善が求められている。

(3) ヘテロトロピック型 photo MFC

光合成色素をもつ微生物ないし植物が光合成により有機物を生成し、その有機物を別の微生物が細胞呼吸により分解する際に電子をアノードに渡すことにより動作する MFC をヘテロトロピック型 photo MFC という。Z. He らは、湖の堆積物を用いた堆積物 MFC に対して、光照射と非照射を繰り返すことにより、外部からの有機物の追加供給がなくても放電することを実験的に明らかにするとともに、これらが、「光合成色素をもち光合成により有機物を生成する微生物」と「それが排出する有機物を分解してアノードに電子を渡す別の微生物」の両方の働きであることを明らかにした[15]。

光合成は光合成色素をもつ微生物のみならず通常の植物も行うことができる。また、植物は成長の際、土の中に様々な種類の有機物を根から放出する

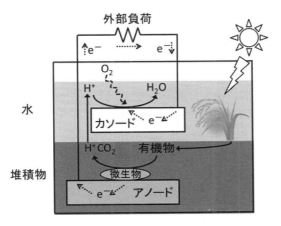

図 5.6　ヘテロトロピック型 photo MFC の一例の模式図

ことが知られている。このことを利用して、L. Schamphelaire らは堆積物 MFC の堆積物中に稲を栽培して実験を行った[16]。このとき、稲の根から堆積物中に放出される有機物が、堆積物中に埋められたアノードに電子を渡す微生物の養分となり、また、稲を育てるために水田に張った水が MFC の電解液として働くことになる。その結果、稲不在時と比べて出力が 7 倍増加したと報告している。

(4) 微生物の光合成によるカソードへの酸素の供給

今までは MFC のアノード反応への微生物の添加効果について説明を行ってきたが、ここではカソード反応への微生物の添加効果について紹介する。E. Powell らは、アノードから来た電子のカソードでの受け取り役（電子受容体）として、メチレンブルーなどのメディエータを介して緑藻が機能しうることを実験的に明らかにした[17]。

5.6 将来展望

ここまでバイオフィルムという言葉に必ずしもとらわれずにいろいろな MFC の紹介を行ってきたが、アノード表面近傍の微生物の働きにより MFC が動作していることが多いことからもわかるように、今後、より研究を進めていく上において、アノード表面およびカソード表面に形成されているであろうバイオフィルムの存在は MFC のさらなる性能向上に向けて、極めて重要になってくると思われる。一番の課題は、出力電力の増加である。ヘテロトロピック型 photo MFC において、従来型と比較して、2 種類以上の微生物の複合的効果により性能の大幅な向上が得られていることから考えても、バイオフィルム中で共存している多数の微生物の複合的効果に着目することで、出力電力に関してもブレークスルーが期待できうると考えられる。

参考文献

[1] V. Menon, and M. Rao, Trends in bioconversion of lignocellulose: Biofuels, platform chemicals & biorefinery concept. Progress in Energy and Combustion Science, 2012.

38 (4): p.522-550.
[2] A. Demirbas, Progress and recent trends in biofuels. Progress in Energy and Combustion Science, 2007. 33(1): p.1-18.
[3] D. B. Levin, L. Pitt, and M. Love, Biohydrogen production: Prospects and limitations to practical application. International Journal of Hydrogen Energy, 2004. 29 (2): p. 173-185.
[4] 電池便覧編集委員会, 電池便覧, 丸善. p.611.
[5] 太田健一郎, 原理から考える燃料電池. GS Yuasa Technical Report, 2005. 2(1): p.1-5.
[6] 山川喜輝著, 理系なら知っておきたい 生物の基本ノート[生化学・分子生物学編], 中経出版. p.239.
[7] 岡山繁樹著, 生物科学入門－分子から細胞へ－, 培風館. p.240.
[8] C. E. Reimers, L. M. Tender, S. Fertig, and W. Wang, Harvesting Energy from the Marine Sediment-Water Interface. Environmental Science and Technology, 2001. 35(1): p.192-195.
[9] Z. He, H. Shao, and L. T. Angenent, Increased power production from a sediment microbial fuel cell with a rotating cathode. Biosensors and Bioelectronics, 2007. 22(12): p.3252-3255.
[10] F. Rezaei, T. L. Richard, R. A. Brennan, and B. E. Logan, Substrate-enhanced microbial fuel cells for improved remote power generation from sediment-based systems. Environmental Science and Technology, 2007. 41(11): p.4053-4058
[11] C. Donovan, A. Dewan, D. Heo, and H. Beyenal, Batteryless, wireless sensor powered by a sediment microbial fuel cell. Environmental Science and Technology, 2008. 42(22): p.8591-8596
[12] M. Rosenbaum, Z. He, and L. T. Angenent, Light energy to bioelectricity: photosynthetic microbial fuel cells. Current Opinion in Biotechnology, 2010. 21: p.259-264.
[13] K. Tanaka, R. Tamamushi, and T. Ogawa, Biochemical Fuel-Cells Operated by the Cyanobacterium, Anabaena variabills. Journal of chemical technology and biotechnology, 1985. 35B(3): p.191-197.
[14] M. Rosenbaum, U. Schröder, and F. Scholz, Utilizing the green alga Chlamydomonas reinhardtii for microbial electricity generation: A living solar cell. Applied Microbiology and Biotechnology, 2005. 68(6): p.753-756
[15] Z. He, J. Kan, F. Mansfeld, L. T. Angenent, and K. H. Nealson, Self-sustained

phototrophic microbial fuel cells based on the synergistic cooperation between photosynthetic microorganisms and heterotrophic bacteria. Environmental Science and Technology, 2009. 43(5): p.1648-1654.

[16] L. D. Schamphelaire, L. V. D. Bossche, S. D. Hai, M. Höfte, N. Boon, K. Rabaey, and W. Verstraete, Microbial fuel cells generating electricity from rhizodeposits of rice plants. Environmental Science and Technology, 2008. 42(8): p.3053-3058.

[17] E. Powell, M. L. Mapiour, R. W. Evitts, and G. A. Hill, Growth kinetics of Chlorella vulgaris and its use as a cathodic half cell. Bioresource Technology, 2009. 100(1): p. 269-274.

第6章　医療機器材料のバイオフィルム

6.1　はじめに

　バイオフィルムはそもそも細菌の活動によって作られるものであることは繰り返し本書において述べてきた。細菌は人体に有害なものが多く、感染症などを引き起こすため、生体材料を考えるとき、バイオフィルムは避けて通れない問題であることは、その他の材料工学の問題以上に明確であることはいうまでもない。しかしながら意外にも、バイオフィルムはこれまであまり問題視されてきてはいなかったのである。それは一つにはバイオフィルム自体の把握が十分に医療の世界においてもなされていなかったことが大きな原因といえる。

　現在我が国は少子高齢化社会に突入している。団塊の世代が60代、70代になり、医療行為を受ける機会が飛躍的に増大することが考えられる。そのために、バイオフィルムが医療機器材料においてどのような形成をし、またどのように制御され、対策がとられるのかは、感染症を低下させ安全、安心の医療行為を盤石なものとするために必要不可欠な材料科学の問題となっていくことが容易に予想される。さて、ここで表6.1にバイオフィルムが引き起こすと考えられる感染症を示す[1]。

　1970年代までバイオフィルムの概念は明確ではなかった。すでに述べたように、William Costerton博士が発見・確認・提唱して以来、多くの発見がなされて、現在では人の慢性病の65%以上の原因がバイオフィルム中の細菌によるものではないかといわれるまでになっている[2]。

　表6.1を見ていて読者の方は多くの院内感染がバイオフィルム細菌によって引き起こされていることに気づかれているであろう。実際、生体内に挿入されるインプラント、人工関節などの材料だけでなく、各種カテーテルや、

表 6.1 バイオフィルムによると思われる感染症と細菌のいくつかの例[1]

感染症名	バイオフィルム細菌
虫歯	酸発生の各種グラム陽性球菌
歯周炎	グラム陰性の各種嫌気性口内細菌
中耳炎	*Haemophilus influenza*
筋骨格感染症	各種グラム陽性球菌
壊疽性筋膜炎	Group A レンサ球菌
胆道感染（症）	各種腸内細菌
骨髄炎	各種細菌やかび
細菌性前立腺炎	大腸菌その他各種グラム陰性菌
自然弁心内膜炎	レンサ球菌
嚢胞性線維症肺炎	肺炎桿菌や *Burkholderia cepacia*
各種院内感染	
ICU 肺炎	グラム陰性桿菌
縫合感染	*Staphylococcus epidermidis* と *S. aureus*
出口部感染	*S. epdermidis, S .aureus*
静脈シャント	*S. epdermidis, S. aureus*
コンタクトレンズ	*P. aeruginosa*, グラム陽性球菌
尿路カテーテル-膀胱炎	*E.coli*, グラム陰性桿菌
腹膜透析-腹膜炎	様々な細菌、かび
子宮内器具	イスラエル放線菌その他
気管内チューブ	様々な細菌とかび
ヒックマンカテーテル（長期留置用カテーテル）	*S. epidermidis, C. albicans*
中心静脈カテーテル	*S. epdermidis* その他
機械弁（人工心臓弁）	*S. aureus, S. epdermidis*
代用血管	グラム陽性球菌
胆管ステント閉塞	各種腸内細菌やかび
整形外科用器具	*S. aureus, S. epidermidis*
人工陰茎	*S. aureus, S. epidermidis*

第 6 章　医療機器材料のバイオフィルム

メス、ベッドを構成する材料、配膳台にいたるまで、医療現場にかかわる様々な医療機器材料上に形成されるバイオフィルム中の細菌やかびによって、体力が弱っている高齢者、術後の患者に感染が起こり、その過程でバイオフィルムが感染力を高める役割を果たしていることが示唆されている。

院内感染はよく知られているように、病院や医療機関において細菌やウイルスなどの病原体に感染することをいう。薬剤耐性や日和見感染症を指すことが多く、そのため術後の患者や高齢者など体力が衰えた人に感染しやすいのが特徴である。院内感染には様々なルートが考えられ、これについての医学的見地あるいは生物学的な見地からの対策がなされようとしているが、まだまだ医療現場においてバイオフィルムという視点からのアプローチは不十分である。

読者におかれては、そうしたことを医療現場において医師から説明を受けたりしたことがあるであろうか？　ましてや材料科学、材料工学の見地からの検討などは全く行われていないのであって、人々の安全、安心という立場からも、この観点からの検討を急ぐ必要がある。バイオフィルムと医療用機器との関連は、生物付着の観点からすでに第 3 章において述べた。本章ではバイオフィルムを感染という観点からとらえ直し、医療現場に様々な形で用いられる生体材料とバイオフィルムの問題を紹介し、感染症との関係を中心に、その評価法と対策についての現状を解説する。

6.2　バイオフィルム中の細菌と浮遊細菌の違い

図 6.1 にバイオフィルム形成の過程を模式的に示す（図 1.3 としても説明）[3]。すでに繰り返し述べたように、バイオフィルムの形成過程は以下のとおりである。浮遊細菌が材料表面に形成されている栄養であるところの炭素化合物の吸着層、コンディショニングフィルムを求めて、材料表面に付着する。しばらく付着脱着や、表面上における様々な運動を繰り返すものと思われるが、やがて付着する細胞数が増えると、クオラムセンシングの作用によりある時点で多糖を一斉に算出しバイオフィルムが形成される。バイオフィルムはこのような経緯で形成されるので、その構成成分は 8 割以上の大部分が水

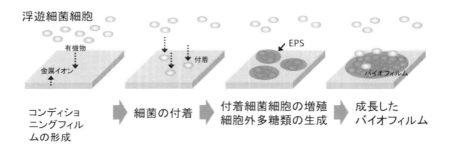

図 6.1 バイオフィルムの形成過程[3]

であり、多糖、細胞外 DNA からなる EPS と細菌がその他の成分である。

以上がバイオフィルム形成過程の概要であるが、さらに詳細を検討してみよう。バイオフィルム形成過程前半の主要部分を占める細菌の付着とコロニー形成であるが、細菌が材料表面に付着する最初の力は、比較的弱い力であり、ファンデルワールス力と呼ばれる分子間力である。しかしその後、細胞のもつ付着のための組織（繊毛の一種）や表面のタンパク質を用いて、細胞間で付着し合い、材料表面での付着力はより強化される。このようなプロセスを細胞粘着（cell adhesion）と呼んでいる。最初の細菌が付着した後は、次に異種のバクテリアが付着するようになるが、後から来る細菌に関しては、材料への付着力がない場合は、最初にコロニーを形成している細菌に対して、あるいは細胞外重合物質に対して付着し、結果的にバイオフィルム中の細菌となっていく。

単一の細菌が一つのバイオフィルムを形成するとき、800 もの遺伝子の表現型が変化するという報告がなされている[4]。このことは、バイオフィルム細菌は浮遊細菌と大きく異なる挙動を示すことを意味しており、また自然界ではバイオフィルム細菌が常態であるとすると、これまでの浮遊細菌に対して構築されてきた様々な科学技術的な対策は見直す必要が出てくることがおわかりいただけると思う。

付着過程の次には、バイオフィルムの発達過程が展開される。この段階ではバイオフィルムの大きさとかサイズが決定される。バイオフィルム中に栄養が運ばれる"水路"が発達し、場所場所によって細菌の発現する表現型が

異なり、バイオフィルム全体としての新陳代謝を発達させるようになる。バイオフィルム細菌は新しい細胞に感染することができるよう、いろいろな動きをすることができる。また、バイオフィルム総体としても移動、回転といった様々な動きをすることができるといわれている。

　これまで様々な研究者によって明らかにされてきたところによると、バイオフィルム細菌はしばしばバイオフィルムを離れて、浮遊細菌に戻るようである。そうすることによって、容易に他の材料表面に付着してバイオフィルム形成過程を繰り返すようである。

　図 6.2 にバイオフィルム形成の模式図を示す。この図に示すように、バイオフィルム形成は繰り返され、浮遊細菌からバイオフィルム細菌へ、そしてバイオフィルム細菌から浮遊細菌へと変化することが可能である。浮遊細菌が飢餓状態になり、バイオフィルム中に入って、バイオフィルム細菌になると、生きているが、培養不可能な状態（VNC 状態あるいは VNC 菌）にあるといわれる[5]。研究者らによると、このような状態から時折細菌は"目覚めて"、いくつかの細菌は周囲の環境を"偵察するために"バイオフィルムを離れると考えられている[6]。細菌がバイオフィルムを離れていくことは、あらかじめ遺伝子中にプログラムされていると考えられている。このことが、バイオフィルムが慢性病の原因となっていることに深く関係している。

　バイオフィルム細菌は生体の免疫システムによって発見されにくく、バイオフィルム中に細菌がいると抗生物質が効かないことが多い。実際同じ種類の細菌の浮遊状態とバイオフィルム中に存在する状態とを比較すると、抗生

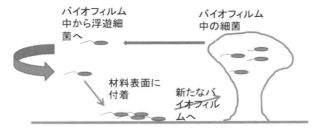

図 6.2　バイオフィルムのライフサイクル

物質に対して、1,000倍以上も後者のほうが抵抗力が高いといわれている。ところが、バイオフィルムから細菌が離れて浮遊細菌に戻るとすると、再び生体細胞に侵入して病気を再発させる。病気を慢性的に繰り返すのは、細菌がバイオフィルム中に"潜んで"抗生物質からの攻撃に対して生き延びて、再びバイオフィルムから離れて生体の免疫システム内に"再登場"し、生体細胞に侵入し、これを感染させることによるものであると考えることができる。

以上からおわかりいただけるように、細菌はバイオフィルム内に存在することによって、より生き延びることができる。つまり、バイオフィルムは細菌に取って、一つの生き残り戦略であるといえるのである。実際にバイオフィルム内では、多種の細菌はお互い栄養源が異なるよう構成されているようである。それによってお互いに競争して同じ栄養分を取り合うことがないようになっているといわれている[7]。新陳代謝がバイオフィルム総体として行われたり、また内部構造が精緻に構成されていること、バイオフィルム自体の動きもあることなどから、バイオフィルムはあたかも一つのミクロ都市のような構造を示しているといえる（図6.3）[8]。

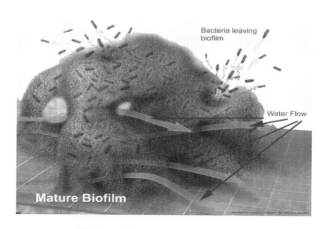

図6.3　成長したバイオフィルム[8]

6.3 抗生物質に対するバイオフィルム中細菌の応答

　前項ですでに述べたように、バイオフィルム中の細菌は浮遊細菌とは大きくその強度が異なる。また、バイオフィルム中には多種多様な細菌が存在しており、その種類は材料や環境によって大きく異なることが予想される。構成する細菌が変われば、バイオフィルムの構造も変化することは当然であり、そのように予想されるが、このような多様性のあるシステム（系）において共通点が多く認められる。バイオフィルムは複雑系であるために、その取り扱いは大変難しくなるが、この共通点に注目して様々な対策を立てていくことが極めて重要である。一般にこれら複雑なバイオフィルムにおいて共通に見られる特徴は次のとおりである。

① 環境に対してダイナミックに応答するため、環境に適合する能力が高い。
② バイオフィルムは時として脱着する。この脱着は総体として、あるいは個々のコロニーとして起こる。
③ 脱着した個々の細菌を薬剤によって死に至らしめることは比較的容易である。
④ バイオフィルム総体として脱着を起こしたときには、薬剤によってバイオフィルム中の細菌を殺菌することは容易ではない。

　これらの特徴から、バイオフィルム中の細菌を薬剤によって殺菌するためには、バイオフィルムを何らかの方法で除去し（化学的方法あるいは機械的方法、またその双方の組み合わせが考えられる。）、その後抗生物質などにより殺菌することが、バイオフィルムとバイオフィルム細菌を除去し殺菌するために最も有効であるように思われる。

　抗生物質はすでに述べたように、バイオフィルム細菌には極めて効き難い。これはバイオフィルムの構造と密接に関係していることは明らかである。図6.4 に模式的にこの状況を示す[9]。バイオフィルムは細胞外重合物質で取り囲まれているため、抗生物質がバイオフィルム内に浸透し難く、そのために抗生物質が効き難いと考えられていた。これはある程度事実であるにせよ、

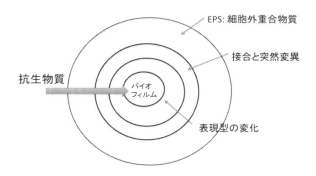

図 6.4　抗生物質に対するバイオフィルム細菌の抵抗力のメカニズム[9]

最近では浸透しているにもかかわらず別の理由で抗生物質に対する抵抗性を示すのではないかと考えられるようになった。例えば、バイオフィルム細菌の突然変異や接合によって細菌の挙動が変化したり、またバイオフィルム細菌の表現型の変化と新陳代謝の変化によって抗生物質に対して耐性をもつようになったり、またその結果クオラムセンシングが活性化されて、さらに抗生物質に対する抵抗性が増加したりすることが考えられている[9]。抗生物質に対する抵抗性をバイオフィルム細菌がなぜもつのかという問題は、現在も議論が続いている問題であり[10]、今後の進展を注意深く見守っていきたいところである。

6.4　各種医療機器材料

表 6.1 に示したように、院内感染では各種の医療機器からのバイオフィルムを介した感染によって、慢性的に感染症が引き起こされる。医療機器に用いられる材料は、通常の材料の分類と同じように、その種類によって三つ、高分子材料、セラミックス、金属材料に大別される。

高分子材料として一般によく用いられるのは、ポリエチレン（PE）、ポリエチレングリコール（PEG）、ポリスチレン（PS）、ポリメチル・メタクリレート樹脂（PMMA）、ポリグリコール酸（PGA）、ポリ乳酸（PLA）、ポリテトラフルオロエチレン（PTFE）などである。

一方、これらを医療器具の用途から見ると、次のような高分子材料が用いられることがわかる。歯科用としては、主に安定性、耐食性、可塑性、強度、疲労強度、コーティング性、組織との密着性、低アレルギー性という観点から、PMMA、ポリアミド、ポリアクリル酸亜鉛が用いられる。眼科用としては、ゲルやフィルム形成能、親水性、酸素透過性が必要とされ、ポリアクリルアミドゲルやポリヒドロキシエチルメタクリレート（PHEMA）やその共重合体が用いられる。また、整形外科では機械的なひずみや疲労に対する強度と抵抗性、骨や筋肉との一体化性が必要で、PE、PMMAなどが用いられる。心臓血管外科では、疲労特性、潤滑性、殺菌性、血栓、塞栓に対する抵抗性、慢性的な炎症に対する抵抗性などが求められており、シリコーン樹脂、テフロン、ポリウレタン（PU）、ポリエチレンテレフタレート（PET）などが多用される。

しかし、これらの高分子のバイオフィルム形成挙動に関しては未だ明確でなく、さらなる検討が必要とされている。現在のところ、親水性、疎水性、撥水性などの観点から検討されているが、筆者らが独自の方法を開発して調べたところ、必ずしもそうした親水性／疎水性の観点からのみ説明できるわけではなく、抗菌性とか、さらに他の要因も複雑に加わっているようであり、今後のさらなる検討が待たれている。

一方、金属材料、セラミックスについては、生体材料に限定すると圧倒的に多いのは人工関節として用いられるチタン合金とジルコニア、アルミナである。また、ペースメーカーにも電極としての白金、本体に用いられるチタンが挙げられるが、これらを総合的に見渡すと圧倒的に多いのが高分子材料であるといえる。

金属材料、セラミックスに関しては、その高い機械的な強度や加工性から、メスやはさみなどの医療機器、ベッドや配膳台など様々な院内設備、備品の材料として用いられており、院内感染を考える際には、それらも含めた各種材料のバイオフィルム特性を見極め、この立場からの改善を図る必要があると思われる。

金属材料については、抗菌性をもつことがある程度バイオフィルムの形成を制御することにつながることが予想される。材料表面に付着した細菌は、

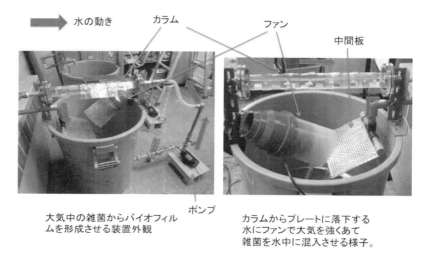

図 6.5　バイオフィルム加速形成試験装置

材料表面の金属成分の溶解によって増殖が抑制される。バイオフィルムが形成した後、これら材料構成成分の金属イオンがどのようにバイオフィルム細菌に関与するかについての系統だった解析と評価はまだ見当たらないが、例えば銀、銅といった、いわゆる浮遊細菌の増殖に対して制御要因となる金属元素は、バイオフィルム細菌に対しても有効であることが予想される。実際、このようなコンセプトで筆者は、独自に開発したバイオフィルム加速試験装置を用いて、バイオフィルムを人工的にまた加速的に形成させる手法を開発している。図 6.5 をご覧いただきたい。下部におかれた水槽中に対象となる水（浄水あるいは海水）を入れ、ポンプでくみ上げて循環させる。上部のカラム中に金属材料などの各種試験片を装填し、水を循環させ、カラムから水槽に水が落下するときに、中間板を配し、そこにファンで大気を吹き付けることで、大気中の雑菌を水中に混入させ、これを繰り返してカラム中の試験片上にバイオフィルムを形成させる。

　この試験機を用いて様々な材料の小片上にバイオフィルムを形成させ、バイオフィルム形成の制御が基板によってどのように可能となるかを調べている。例えば、銀のコーティングをした材料については、確実にバイオフィル

ム形成が起こり難くなっているのが、明らかとなっており、この点からも、抗菌性がバイオフィルム形成に寄与することは明らかである。しかしながら、従来の抗菌性試験が浮遊細菌に対して構築されていることと、また図 6.1 に示すように、バイオフィルム形成はコンディショニングフィルムの形成のしやすさ、またバイオフィルム総体としての表面上の動きなど、抗菌性以外の様々な要因が複雑に絡み合うことが予想され、さらなる詳細な検討が必要である。

6.5　バイオフィルム評価法

バイオフィルムの評価法は、細菌学的な検討が先に多くなされたために、確立されているものは生物学的観点からのものが多い。一方、バイオフィルム形成が影響を与える側の材料科学的視点から開発検討されている評価法は比較的新しく、まだ一定の評価を得るには至っていないものが多い。しかし、材料側の工業的な問題解決を図るためには、材料科学分析的手法の開発が不可欠であり、この方向でのさらなる検討が待たれている。

6.5.1　生物学的手法

このカテゴリーでは、濁度測定、ATP 定量、熱量測定など浮遊細菌に適用される従来の手法をバイオフィルム細菌に対して適用することが考えられる。また、蛍光性生体のオンラインモニタリング法、生物発光法、遺伝子工

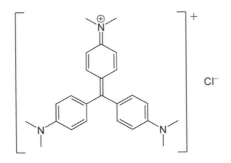

図 6.6　クリスタルバイオレットの化学構造[11]

学的処理を取り入れた方法などが考えられる。生物学的手法において特に代表的な手法は染色を組み合わせた分析法である。これによって、バイオフィルムを形成するそもそもの原因となる微生物の存在を、特定できるからである。

染色法の代表的な手法に、クリスタルバイオレット染色法が挙げられる。クリスタルバイオレットは、図 6.6 に示すような構造をしている[11]。基本的にトリフェニルメタン骨格を有する塩基性の紫色色素で、強酸中では黄色を示す酸性 pH 指示薬としても用いられるが、古くから細菌細胞を染色する目的で使われている[12]。材料表面のバイオフィルムの存在を確かめるために行う手順は、例を挙げるとすると、筆者らがかつて鉄鋼材料について行った次の手順が参考になると思う[13]。

(1) 材料表面上へのバイオフィルム形成

筆者らのかつての実例では、次の方法が考えられた。バイオフィルム形成が顕著に起こる緑膿菌を用いて、普通ブイヨンで 18 時間、35℃で培養した緑膿菌（*Psudomonas aeruginosa* PAO1）を、滅菌水中で 2 倍に希釈した普通ブイヨンに $10^5 \sim 10^6$/ml の菌数になるように加えて、細菌懸濁液を作製する。24 穴プラスチックプレートのウエルに菌液を 2 ml 入れ、小さく切った試験片を菌液の中に浸漬するように立てかけた後、インキュベーターの中に 35℃、24 時間静置する。このようにしてバイオフィルムを形成させることができるが、この場合は単独の細菌（緑膿菌）によるバイオフィルムが形成される。こうした単一の細菌によるバイオフィルムは実際の多様なバイオフィルムの世界とはずいぶんとかけ離れたものになるが、実際のバイオフィルム系があまりにも複雑であるため、このようなモデル系で少しでも単純化していくことによって得られる実験結果は、実際の複雑系を考える上でずいぶん役立つものとなる。

(2) クリスタルバイオレットによる染色

試験片を未使用のウエルに移し、滅菌水で数回洗浄後、0.2％クリスタルバイオレットを 1 ml 加え室温に 1 時間放置する。

(3) 脱水

試験片を取り出し、非特異的に結合しているクリスタルバイオレットが溶

出しなくなるまで試験片を洗浄しサンプルとする。また、バイオフィルムに結合したクリスタルバイオレットは 1 ml のエタノール中に試験片を浸漬して溶出させる。

(4) 菌数測定

試験片を未使用のウエルに移し、滅菌水で数回洗浄する。滅菌水を除いた後、0.2%の Tween 20 で洗い出し、このうちの 0.1 ml を普通寒天培地に接種後、塗抹する。寒天培地を 35℃で 18 時間培養し、形成されたコロニー数から菌数を計算する。

(5) 染色度を定量化

抽出した色素を室温で 15 分程度抽出する。抽出した色素は分光光度計あるいはマイクロプレートリーダーを用いて 590 nm 前後で吸収を測定する。その吸収の程度に応じてバイオフィルム形成能として評価する。この方法で筆者らが得た研究の一例を示す。それは各種金属上のバイオフィルム形成能を評価し、鉄が著しくバイオフィルム形成を促進する金属であることが明らかにされた研究例である。

(5) で定量的にバイオフィルムの評価がある程度行えると考えられるが、

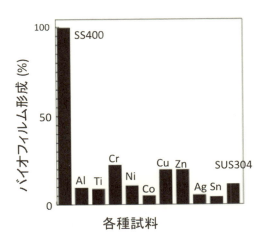

図 6.7 バイオフィルム形成能をクリスタルバイオレットにより定量的に評価した一例[14]。各種金属表面において形成されたバイオフィルムの成長。金属片を菌液に 3 日間浸漬後、0.2%クリスタルバイオレットで染色しエタノールで溶出。

いくつかの問題点が指摘されている。例えば生物学的には、この方法は細胞外マトリックスも含めた測定法であり、細胞数の正確な定量化をあわせて実現するためには、コロニー数の計測が欠かせない。また、この方法はバイオフィルム初期生成過程の計測には向いているが、培養に伴い成長させた状態を計測することが困難である。これに対して連続的に培地を供給できるフローセルを用いた方法が CV 染色法などと組み合わされて使われたりしている。

一方、材料工学的に考えたとき、クリスタルバイオレットは、例えば等電点の関係で強く吸着するような酸化物などがある。あるいはポーラスな物質の場合、細孔内に入り込んで物理的に付着して紫色を強く呈することもある。こうした化合物の種類、物理的な形状によって必ずしも染色法はうまくいかないこともある。そのために、各種の機器分析が検討されている。

6.5.2 機器分析

機器分析として最も早くバイオフィルム観察に取り入れられてきた手法は共焦点レーザ顕微鏡である。これまで多くのバイオフィルム研究にこの機器が用いられてきており、多くの研究がなされてきている[15]。もともと生物学では蛍光顕微鏡が非常によく用いられている。この顕微鏡は試料から発する蛍光を検出してイメージを形成する光学顕微鏡である。これが生物学の分野において多用されてきたのは、生体と特異的に反応して蛍光を発する現象を用いて生体関連物質がうまく観察できることが明らかとなったため、蛍光を発する多くの試薬が開発されたことと無関係ではない。詳細は第 8 章の表 8.1、表 8.2 を参照されたい。

図 6.8 に蛍光顕微鏡の概念図を示す。光源には超高圧水銀灯、キセノンランプ、紫外線 LED、レーザ光源などが用いられ、干渉フィルターを用いて特定の波長の励起光のみが抽出され、対物レンズやミラーを用いて集光し試料に照射される。試料から発生した蛍光はミラー、干渉フィルターを通過して検出器に到達し、イメージングにつながる。これに対して、厚い試料や凹凸の多い焦点が広範囲に変化するような試料でも鮮明に観察することができるよう工夫されたのが共焦点レーザ顕微鏡ととらえることができる。

第 6 章 医療機器材料のバイオフィルム

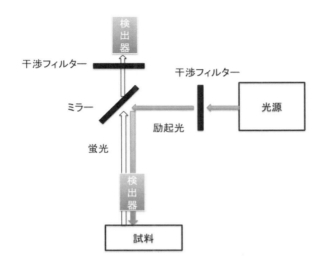

図 6.8　蛍光顕微鏡の概念図

　詳細は第 8 章の 8.5 節と図 8.3 で説明されているが、大きなポイントは、図 6.8 における通常の蛍光顕微鏡に対して、光源（レーザ光）の前方と検出器の前方にピンホールを配置していることである。レーザ光源直後のピンホールはレーザ光の集中に寄与し、また検出器前方のピンホールは集光点以外からの光を除き、ピントのあった画像を結ぶことを可能にしている。このようにして、三次元的な空間像をイメージングすることを可能にしている。当初のいくつかの生物学的な成功例から、これまでバイオフィルムの観察は共焦点レーザ顕微鏡が非常に多用されてきた感がある。

　しかし、バイオフィルムは基板材料と付着する細菌との相互作用であるため、バイオフィルムが材料表面に与える損傷などの効果を同時に検証するためにはより材料科学的な観点からの観察方法の開発が必要である。一方、例えば基板が金属材料である場合、腐食生成物（鉄鋼材料の場合はさびが相当）が形成されるが、これとバイオフィルムの区別が共焦点レーザ顕微鏡ではしばしば困難である。こうした背景から、筆者らは材料科学の分野においてしばしば用いられる方法を用いて可視化の試みを精力的に行っている。まだまだ研究は緒についたばかりであるが、新しい観点からの試みのいくつかを簡

第 6 章 医療機器材料のバイオフィルム

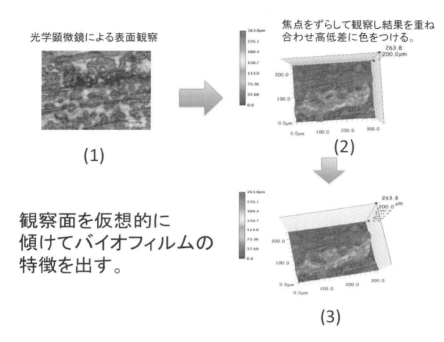

図 6.9 光学顕微鏡による 3D 解析の手順

単に以下にご紹介する。

　一つには光学顕微鏡を用いた 3D 解析が挙げられる。図 6.9 はその一つの例である。バイオフィルムは材料表面から光学顕微鏡で観察すると、図中 (1) のように泡（バブル）の集まりのように見える。バイオフィルムが材料上に形成されることについての知識がそれほどない人が、この泡状のものを光学顕微鏡で観察したときに、それをバイオフィルムであると気がつくことはなかなか難しいと思われる。コンタミ（異物など）が載っていると判断して研磨をして取り去ってしまうかもしれない。実際材料科学、材料工学の分野で顕微鏡を用いて、特に金属材料表面を観察する際には、研磨をしてから観察することが基本であるので、その観点からはこうした現象というのは見逃されるものなのかもしれない。しかし、バイオフィルムが材料表面の様々な現象にかかわっているという認識のもとでは、今後はそういった認識と手法を

第6章 医療機器材料のバイオフィルム

改める必要があるかもしれない。

　実はこの光学顕微鏡像は、焦点を微妙にずらして断続的に二次元像を観察し記録して、これを適当に重ねることによって三次元像を構成することができる。その様子を示したのが、図中（2）以降である。上から見たときにその高低差を色をつけて識別することができる。そしてそれをあたかも斜めから観察したかのように仮想的に観察面を回転させると、最終的にバイオフィルム特有のタワー状、あるいはキノコ状（マッシュルーム型）の三次元像が得られる。この手法では直感的にバイオフィルムの観察ができるが、現段階では定量的な測定には至っていない。焦点のずらし方などにも現在のところまだ恣意性が残っており、これを定量化するための標準的な観察手法の確立が急がれている。しかし、現場においてバイオフィルム形成能をスクリーニングできることと、材料基板を同時に観察することができ、よりバイオファウリングの分析方法としては有用であると思われる。

　二つ目は走査型電子顕微鏡（SEM-EDX）である。SEMは図6.10に示すように、電子線を試料に当てて、試料表面付近での原子あるいは電子との相互反応によって放出される二次電子あるいは反射電子によるイメージングで解析する装置である。このとき同時に表層付近で放出される特性X線を解析することによって元素分析も可能である。通常のSEM-EDXは高真空であるため、水を大量に含むバイオフィルムは真空中でその形を崩すため、形態観察は難しいといえる。しかしながら、シリコンなどがバイオフィルム中に濃縮するために、元素の分布に偏析が認められ、その結果としてイメージングに

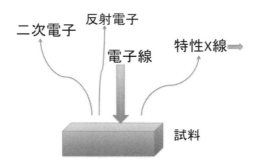

図6.10　SEM-EDXのプローブとシグナル

濃淡の差が出ることが多い。特にバイオフィルムの観察には低真空のSEM-EDXが効力を発揮する。

図6.11はニッケル板上に形成されたバイオフィルムであるが、図に示されるように、黒い模様となって現れるために、バイオフィルムとして観察される。金属試料についても、詳細はケースバイケースであるが、同じように濃淡の差が得られ、また時として細菌あるいは微小藻、糸状菌などが観察されることによってさらにその根拠は揺るぎないものとなることが多い。特に前述のガラスについては、光学顕微鏡では光が透過し、観察が難しいことが多いだけに、時に有用な観察方法となる。

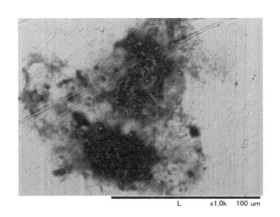

図6.11 SEM-EDXで観察したニッケル板上のバイオフィルム

三つ目は原子間力顕微鏡である。原子間力顕微鏡（AFM）は走査型プローブ顕微鏡の一つで、主として細い針（探針）の先端で試料表面をなぞることによって試料と探針の原子間に働く力を検出してイメージングを行うものである。この方法ではナノオーダーのイメージングが可能となり、バイオフィルムの初期の形成過程の知見が明らかになるであろうことが期待されている。図6.12はその原理を模式的に示したものである。また、図6.13はAFMを用いて著者の一人がグラッシーカーボン上のバイオフィルムを観察した例である。タワー状のバイオフィルムが観察されている様子がおわかりいただ

第6章 医療機器材料のバイオフィルム

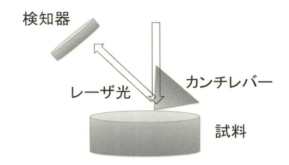

図 6.12 原子間力顕微鏡のコンセプト

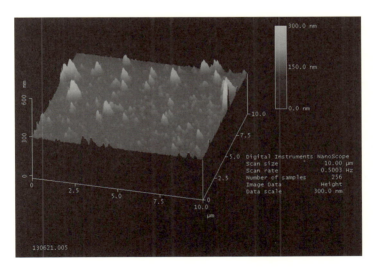

図 6.13 グラッシーカーボン上に形成されたバイオフィルムを AFM で観察した一例（鈴鹿工業高等専門学校　平井信充博士提供）

けると思う。

　四つ目の可能性として白色干渉計によるバイオフィルム観察が挙げられる。白色干渉計は、観察対象に当てる白色光からの測定ビームと参照ビームが作り出す干渉作用を解析することで、高さ方向の測定精度をかなり上げているのが特徴である。ガラス上に形成されるバイオフィルムを白色干渉計（ニ

コンインステック社製超高分解能非接触三次元表面形状計測システムBW-A505)で観察した結果を図6.14に示す[15]。これは装置に依存することではあるが、例えばこの例の場合は、数値データをさらに別途様々なコンピューター上のアプリケーションで解析可能であり、さらに定量化への道を開くことができるのではと期待される。

　以上に述べた新しい材料工学的なバイオフィルム評価法の確立への試みは、まだまだ一定の評価を得るためには時間がかかるかもしれない。しかし、本書の主題となっているような、バイオフィルムの工業的な利用を考えたとき、材料工学と生物学との境界における評価法、とりわけ遅れている材料工学側での分析をより考慮したこれらの分析技術のさらなる発展が必要とされていると考えている。

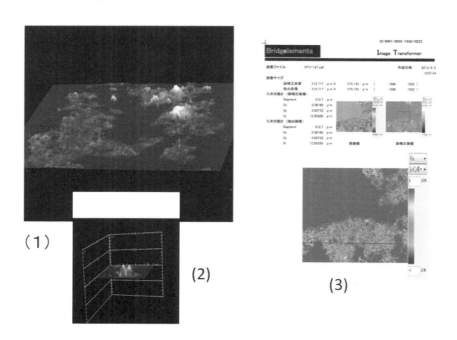

図6.14　白色干渉計で観察したバイオフィルム[15]

6.6　医療機器材料のバイオフィルム対策

　医療現場において感染が起こり、医療機器材料が感染源であることが強く疑われるとき、医療機器材料に形成されたバイオフィルムが原因となっている可能性が高い。医療現場においては、バイオフィルムを除去するか、あるいは抗生物質の投与を始めるかの決断が速やかになされなければならない。以下に一般的なバイオフィルム除去の手法とガイドラインについて述べる。

　最もよいのは感染している医療機器材料を取り除き、代替材料を用いることである。予防の意味からは、用いる機器についてバイオフィルム除去のための殺菌、継続して用いるカテーテルなどの機器についても定期的に除去し交換する配慮が必要である。しかし、場合によってはそれが難しかったり、危険性を伴ったりする場合がある。そのような場合には、特にカテーテルなどでは、それを取り除かず、カテーテルの内側に例えば抗菌試薬などを注入し、バイオフィルム細菌の除去を行う。これはサルベージと呼ばれている。また、無菌状態を保つ方法を標準化しておくこと、特にカテーテルを挿入する部位を選択し、バイオフィルムに関連する感染を回避することなどが考えられる。また、新しいバイオフィルム形成を抑える手法として、薬剤を利用することによってクオラムセンシングを制御する方法が提案されている。

　クオラムセンシングはすでに第2章において詳しく述べたように、細菌間で化学物質を使って行われるある種のコミュニケーションであり、多糖を一斉に細菌が排出する現象の引き金になるものである。これを試薬によって制御することで、バイオフィルム形成を抑えるこころみである。

　これらのほとんどが、薬剤を用いることによる制御であるが、一方において、材料科学の立場からは、医療機器材料の選択と改善を試みることによって、バイオフィルム形成を防ぐことができることが望まれる。この最後の材料科学工学的手法については、現在一番遅れている分野である。そのための分析手法、評価法の確立、標準化、これを用いた材料開発に対して、一刻も早く、よりいっそう多くの努力が傾けられることが望まれている。

参考文献

[1] Costerton, J.W., Stewart, Philip s., and E.P., Greemberg., *Bacterial Biofilms: A Common Cause of Persistent Infections.* American Association for the Advancement of Science, 1999. **284**(5418): p.1318-1322.

[2] Hall-Stoodley, L., J.W. Costerton, and P. Stoodley, *Bacterial biofilms: from the natural environment to infectious diseases.* Nature Reviews Microbiology, 2004. **2**: p. 95-108.

[3] 鈴鹿高専黒田大介博士の発表原稿から修正して形成

[4] Sauer, K., Camper, AK., Ehrlich, GD, Costerton, J. W., and davies, D.G., *Psuedomonas aeruginosa displays multiple phenotypes during development as a biofilm.* Journal of Bacteriology, 2002. **184**: p.1140-1154.

[5] Oliver, J.D., *Recent findings on the viable but noncluturable state in pathogenic bacteria.* FEMS Microbiology Reviews, 2010. **34**: p.415-425.

[6] Epstein, S.S., *Microbial Awakenings.* Nature, 2009. **457**: p.1083.

[7] Brockhurst, M.A., Hochberg, M.E, Bell, T., and Buckling, A., *Character displacement promotes cooperation in bacterial biofilms.* Current Biology, 2006. **16**: p.2030-2034.

[8] Costerton 博士と Stewart 博士の研究より web から収集、Biofilms: http://www.colinmayfield.com/biol447/Biofilms/biofilmsoverview.htm

[9] Shunmugaperumal, T., *Biofilm Eradication and Prevention - A Pharmaceutical approach to Medical Device Infections.* 2010: John Wiley & Sons, Inc. p.423.

[10] 水之江 義光：細菌の形成するバイオフィルム．感染症学雑誌 2011；85：p.395-396．

[11] Wikipedia: クリスタルバイオレット，http://ja.wikipedia.org/wiki/クリスタルバイオレット

[12] 森川正章, バイオフィルムを調べてみよう. 生物工学, 2012. **90**: p.246-250.

[13] 兼松秀行, 生貝初, 吉武道子, *HACCP 対応抗菌エコプレーティングとバイオフィルム.* ふぇらむ, 2008. **13**(1): p.27-34.

[14] 生貝初博士による講演原稿から集成

[15] 兼松秀行, 平井信充, 三浦陽子, 伊藤日出生, 荻野唯, 田中美穂, 各種材料上に形成されるバイオフィルムの新しい評価分析解析手法. 材料とプロセス, 2013. **26**: p.664-665.

第7章　材料表面の汚れとバイオフィルム
　　　　　－EPSを中心として－

7.1　汚れとは

　バイオフィルムは材料との界面にかかわる問題に深く影響を与える。腐食がしかり、また冷却水系のスケール、医療現場におけるバイオフィルム形成がしかり、いずれも材料と環境の界面である材料表面に形成されることが問題の本質である。そして、これらの問題は材料表面の汚れと深い関係がある。材料表面の汚れとはそもそもなんであろうか？　例えば、金属、セラミックス、高分子材料を例にとると、表面の汚れは工業プロセスの中では次のいくつかのうちいずれかが引き起こしているものと思われる。一つは防錆油、潤滑油などの油分によって引き起こされる油汚れであり、一つは加工などの各種工業プロセスの中で表面の化学変化による生成物や付着したゴミや埃、防錆油、潤滑油などの油膜に付着したゴミや埃、有機・無機固形物の汚れである。

　また、ガラスや鏡、透明な高分子のシート、すでに述べた冷却水管の内壁などに水垢が積層し、透明度を低下させたりして機能性や外観を阻害したりすることがしばしばあるが、これは上記の分類からすると、固形物の汚れになる。水垢は、主として上記の材料上に水の中に含まれる石灰（炭酸カルシウム）やその他の塩などからなるものである。水垢そのものは細菌と関係しなくても材料表面に付着する可能性は大いにある。その他の汚れも細菌と無関係に材料表面上に形成されるものである。しかし、汚れが材料表面に存在すると、その後の様々なプロセスにおいて弊害となり健全な工業プロセスにならない。そのため汚れを取り除き、清浄な表面を得ることは工業プロセスにおいて極めて重要であることが多い。

そこでまずここでは、細菌とのかかわり以前に、汚れそのものはどのように分類されているかについて注目して解説する。

"汚れ"という言葉はそもそも漠然とした言葉であるが、英語にしてみるとおそらくは contamination という言葉が最も適当ではないかと思われる。Contamination は非常にネガティブな言葉であり、そもそも都合の悪いもの、悪影響を与えるものに用いられる言葉である。材料科学的に"汚れ"を考えたとき、このように定義できるのではないかと思う。"材料表面に存在する不都合なもので、本来の機能を材料が発現するためには除去されなければならないものを汚れという。"このように定義すると、おおよそ本書で扱う"汚れ"をカバーできるものと考えている。それではこのように"汚れ"を捉えたとき、それらにはどのようなものがあり、どのように分類されるのであろうか？

7.2 一般的な汚れの分類[1]

一般に汚れは、水に溶ける汚れ（水溶性汚れ）、水には溶けないが有機溶媒に溶ける油性の汚れ（油性汚れ）、そして水溶液、有機溶媒のいずれにも不溶性の汚れ（固体汚れ）の三つに大きく分類される。

水溶性汚れは例えば食塩のように、容易に水によって除去できるものや、また少し薬剤を加えて pH を弱酸性、弱アルカリ性にすることによって除去可能となる難溶性のものにわけられる。前者については、洗剤などは必要ではなく、大量の水で除去可能である。後者については、いくつかの添加剤との併用で除去可能となる。

油性汚れは、有機溶剤には溶解するが、水には溶解しない汚れにつけられた総称である。ベンジン、エタノール、クロロホルムなどに溶解する汚れであるが、さらに極性の有無と強さによって、強極性、中極性、無極性の三つに段階的に分類されている。脂肪酸に代表される強極性の汚れは界面活性剤で除去可能であるが、極性が弱くなるにつれて界面活性剤が効きにくくなり、機械油などの炭化水素の汚れでは無極性であるため、界面活性剤は役に立たなくなる。

水にも有機溶剤にも溶解しない汚れを固体汚れと呼ぶ。固体汚れはさらに親水性と疎水性の汚れに分類できる。親水性汚れとしてはケイ素化合物がその代表的なものであり、すすなどの炭化物の汚れは疎水系の汚れの代表格である。

これら様々な汚れはそれぞれにふさわしい洗浄技術によって除去される。どのように効率よく除去できるかが洗浄技術の中心課題である。図 7.1 に汚れの分類をまとめて示す。

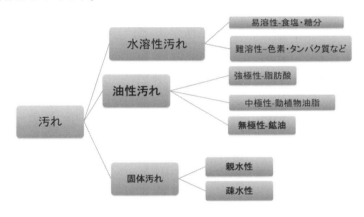

図 7.1　汚れの分類

7.3　バイオフィルムと汚れの関係

さて、バイオフィルムはこれらの汚れに対してどのような立ち位置にあるのであろうか？　細菌そのものは微小な 1 μm 程度の存在であり、必ずしも材料表面にとって不都合な影響を与えるとは考えられてこなかったために、7.1 節で述べた定義から考えても、必ずしも汚れとは捉えられていなかった。しかし、汚れた表面にバイオフィルムが形成され、バイオフィルムの主要構成物質の一つが EPS であることを考えると、どうであろうか？　EPS は材料表面に付着している細菌の数が一定数に達すると細菌から排出されるため（クオラムセンシング）、またその本質が有機重合物質であるために、十分汚れと

して捉えることができるであろう。また、バイオフィルムが形成されたとき、材料表面に粘着物質であるところのEPSが排出されると、上記の様々な汚れをEPSが様々な形で捉えて、これらの汚れを材料表面に"固着"するのではないだろうか。そのためにいわゆる頑固な"汚れ"となって、これを取り除くことを困難にする可能性がある。また、バイオフィルムはその構成物質の80％以上が水であるため水を材料表面に保持するものと考えることができる。いわゆる"水あか"は、バイオフィルムによって材料表面にそもそも固着されるものなのかも知れない。

　図7.2にこの概念を模式的に説明した。例えばガラスにあっては、窓ガラスの曇りは景観や美観の低下、あるいは鏡として用いられる際の機能性の低下（反射率、透過率の低下）につながる。あるいは金属材料においては、スケール形成や腐食の促進につながったり、その後のプロセスの阻害につながったりする可能性がある。こうした汚れに対してフリーな、いわゆる"クリーンサーフィス"を実現するためにバイオフィルムは重要な役割を担っているように思われる。これを材料科学の観点から見直して、系統的に理解することがまずは重要であると筆者らは考えている。

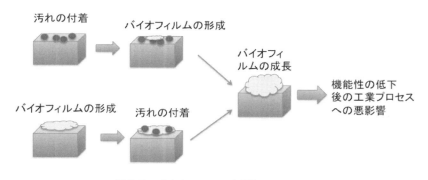

図7.2　バイオフィルムと汚れについて

7.4　EPSについて

　上記からバイオフィルムにおけるEPSが、汚れの付着を固定化させる要因

であることを述べた。したがって、細菌が引き起こす汚れの問題、あるいはバイオフィルムが引き起こす汚れの問題といい換えるべきかもしれないが、それはEPSがその鍵を握っているといってよい。EPSの本質を理解し、バイオフィルム形成に担う役割、あるいは基板の材料との相関で検討されるべきバイオファウリングにおけるEPSのかかわり合いを正確に理解することが、汚れの問題を解決するために極めて重要である。さて、それではそもそもEPSは一体どのようなものなのであろうか？

EPSは細菌由来の重合物質（ポリマー）である。バイオフィルムはすでに述べたように、微視的な凹凸をもつ不規則・不均一な、タワー状あるいはキノコ型の膜状物質である。これを形作る骨格となるものがEPSである。したがって、バイオフィルムの外観を形作るものであり、バイオフィルムの本質であるといえる。当初Costertonらがバイオフィルムの概念を提唱した1970年代から1980年代にかけて、EPSは多糖からなると考えられていた（Exo-polysaccharide）。しかし現在では、多糖のみでなく、細胞外DNA（e-DNA）も含まれ、むしろそのほうが多いとされている。EPSの一方の主成分は多糖であると述べた。多糖は重合物質（ポリマー）である。具体的にはどのようなポリマーなのであろうか？　実はEPSの具体的な構造を解析することは極めて難しい。しかし、機器の発達に伴い、そのような試みが近年なされて様々なことがわかるようになっている。

従来の研究から、重合物質である多糖に関しては、その構成は主としてアルギン酸であることが明らかになっている。多糖は直線的に鎖状に二つの糖残基、すなわち1,4-β-Dマンヌロン酸（これをMで表現する。）と5-エピマーである1,4-α-L-グルロン酸（これをGで表現する。）から構成されている。例としてバイオフィルムを非常に作りやすいとされる細菌の一つに緑膿菌がある。表7.1は緑膿菌を解析したAbrahamson、Lewandowskiらの研究結果の一例である[2]。

緑膿菌のEPSから精製されたアルギン酸は、微小藻などからのアルギン酸と構造がわずかに異なることが指摘されている。この観点からEPSはアルギン酸であることは共通していても、構造が付着する生物によって、少しずつ異なることは容易に想像できる。

表 7.1 緑膿菌から精製されたアルギン酸の性質（P.aeruginosa 8830 株）[2]

性　質	精製前	精製後
分子量（g/mol）	1.8（10^6）	1.5（10^6）
固有粘度（η ml/g）	29.0	−
O-アセチル含有量（1 ウロン酸残基あたりのモル数）	0.69	−
D-マンヌロン酸の割合（F_M）	未決定	0.95
L-グルロン酸の割合（F_G）	未決定	0.05
第二グルロン酸のとなりのグルロン酸の割合（F_G）	未決定	0.00
マンヌロン酸のとなりのグルロン酸の割合（F_{BM+MG}）	未決定	0.05

　バイオフィルムは巨視的に見ると、一言でいうとぬめりであるが、構成物質の 8 割以上が水であるバイオフィルムに、その本質的な特徴であるぬめりを与える主要原因こそが EPS である。EPS はこれにとどまらず、他にも様々な役割が明らかにされている。EPS は実は多様な役割を担っている。具体的にはいったいどのような役割を果たしているのであろうか？　この点については多くの研究者が様々な可能性を事実とともに挙げて今日に至っているのが現況であるが、Flemming らはこれらについてまとめた見解を出し、14 の可能性を挙げている。彼らによると、EPS は次のような役割を果たす[3]。

　第 1 点目は、糊のような役割、付着が挙げられる。EPS がこのような役割を果たすからこそ、負に帯電した細菌表面が、やはり負に帯電した金属材料などの表面に、強いクーロン力の反発に打ち勝って、付着することが可能となる。EPS がなければ、細菌は材料の上に付着することができないであろう。また、この作用があるからこそ、無機物の付着物が表面に固着され、永続的に表面に汚れとして存在できるものと推定される。

　第 2 点目は、バクテリア細胞を結びつける役割である。バクテリア細胞間を橋渡しして、細胞間の認識を助け、細胞密度を増加させる働きをする。

　第 3 点目は、バイオフィルム自体の結合力を増加させる働きである。水和した高分子のネットワークを形成して、時に多価の陽イオンと結合して、バ

イオフィルムの機械的な安定性を調節する役割を果たす。この作用がバイオフィルムの形を決定し、また物理的な構造を支えているといえる。

第4点目は、すでに述べたように、水を保持する能力である。そもそもバイオフィルムはその構成成分の8割以上が水である。その観点からはこれは当然の役割であるといえる。しかし、材料表面に水を保持することは、腐食などの重要な要因となる可能性がある。金属材料の腐食を考える上で、材料表面上に存在する水膜の存在が仮定されるが、これなどにはひょっとすると、バイオフィルムが間接的にかかわっているのかもしれない。今後の検討が待たれるところである。

第5点目は、細菌などの生体への攻撃に対する保護膜としての役割である。特定あるいは非特定の宿主防衛に対して、抵抗力を増加させる、あるいは減少させる働きがあると考えられている。この問題は、抗生物質の開発に大きくかかわる問題となる可能性がある。

第6点目は、有機物を吸収する能力である。栄養分としての炭素化合物の吸収や、有機系の生体異物一般の吸収能力があることはしばしば知られている。この現象を用いて、環境浄化に使うことができる。

第7点目は、無機イオンを吸収する能力である。多糖のゲルが発達するとともに、イオン交換、無機物質の形成、環境に有害な金属イオンを吸収することができる。これも環境浄化にバイオフィルムが使える根拠になっている。

第8点目は、EPSがバイオフィルムの構造変化に一定の役割で寄与することである。外部の栄養を取り込み、外部の大きな分子を消化するために構造変化が起こるといわれている。これによってバイオフィルムの定期的な崩壊が引き起こされると考えられている。

第9点目は、バイオフィルム内の細菌の栄養そのものになることである。炭素、窒素、リンを大量に含むため、バイオフィルム内の細菌に安定的に栄養を供給する源となるのである。

第10点目は、遺伝子情報の交換である。バイオフィルム中の細菌間で遺伝子の水平伝播が起こることが指摘されている。これにEPSが何らかの形で寄与していると考えられる。したがって、バイオフィルムはこのような機会を構成細菌に与えていると捉えることができる。

第11点目は、EPSがバイオフィルム中における電子のドナーあるいはアクセプターとして振る舞う点である。バイオフィルム中では様々なRedox反応（酸化還元反応）が起こることが知られるようになった。この反応において電子がやり取りされるのであるが、バイオフィルム中のEPSがRedox反応を活性化しているように思われる。

第12点目は、代謝回転の結果、余剰の生物由来の物質がバイオフィルム外に排出されるが、これにEPSが一定の役割を果たすことである。

第13点目は、過剰の炭素を含むことができることである。炭素と窒素の一定の比率が通常は保たれているのであるが、平衡値からずれて炭素を余分にバイオフィルム内に保持するために一役買っている。

第14点目は、酵素を結合させる力である。酵素とEPSはお互いに反応を起こしたりして関与し合っている。その結果、酵素をバイオフィルム中に保持して互いに結合させることに寄与しているものと思われる。

これら14の性質はバイオフィルムを理解するための基礎的なことがらとして非常に大切であるが、それと同時に、工業的な利用を考える際に、多くの示唆にとんだ情報である。これら以外にも今後提案されたり、解明が進むとともに再整理が行われる可能性がある。EPSはバイオフィルム研究の抱える最先端のそして最も興味がもたれている分野であり、今後の一層の解明が待たれている。以上の作用を表7.2にまとめた。

さて、EPSの作用から少し目をそらせて、その構造に再び注目してみよう。すでに述べたように、EPSは大別してタンパク質と多糖の二つのグループから構成されることがわかってきた。しかも材料表面の構成という観点からEPSを眺めたとき、これら二つのグループが、二層構造を示すことがわかってきた。図7.3はこれを模式的に示したものである。より細菌細胞との界面に近い側に、細菌と結合力の高い層が存在する。これをBound EPS（強く結合したEPS）と呼んでいる。一方、少し細菌表面から遠くなった位置に、"緩やかに結合したEPS"（Loosely associated EPS）層が存在する。このことは、バイオフィルム中に点在する細菌表面のごく近傍はBound EPSであるが、バイオフィルムの大部分のマトリックスはLoosely associated EPSであることを意味する。

第7章 材料表面の汚れとバイオフィルム－EPSを中心として－

表7.2 EPSが示すと考えられている14の特性（まとめ）

特 性	備 考
材料への付着	電気的な反発力などに打ち勝って細菌を材料表面に付着させるのに寄与する。
細菌細胞間の結合	細菌の細胞をお互いに結びつけることに寄与する。
バイオフィルムの結合力への寄与	バイオフィルム自体をしっかり材料表面に結びつけるのに寄与する。
水の表面への保持	材料表面に水を一定期間保持する能力。これにより材料表面には一種の水膜が準安定的に形成されることになる。
宿主防衛への影響	細菌と体内の免疫システムとの相関に影響を与える。
有機物の吸収能	バイオフィルム中に環境中から有機物を取り込み保持することができる。これを使って有機物の分離回収ができる可能性があり、環境浄化に使うことができる。
無機イオン（金属イオンなど）	イオン交換などにより、無機イオンをバイオフィルム中に取り込むことができる。これも環境浄化のプロセスに利用することができる可能性がある。
バイオフィルムの構造変化（特に崩壊）への寄与	バイオフィルム外の大きな分子を取り込み消化することによりバイオフィルム自身の構造変化、崩壊などを引き起こす。
バイオフィルム中の細菌の栄養としての寄与	バイオフィルム中の細菌は貧栄養環境下で生き残るために栄養を必要としている。バイオフィルム中においてはサイズが小さくなり、栄養をできるだけ必要としない省エネ型に変わっているといわれるが、それでも栄養は必要である。この栄養として、寄与する。
遺伝子情報の交換への寄与	バイオフィルム中における細菌の遺伝子の水平伝播に貢献する。
バイオフィルム中のRedox反応への寄与	バイオフィルム中で各種のRedox反応が起こっていると考えられるが、これに電子のドナー、アクセプターとして寄与する。
炭素の貯蔵庫としての寄与	環境中の炭素を過剰に取り込み蓄えることができる。いわゆる炭素のレザバー（貯蔵庫）として寄与する。
酵素のバイオフィルムへの結合への寄与	酵素との様々な相関を通じて、バイオフィルムと酵素との結合へ寄与する。

第7章 材料表面の汚れとバイオフィルム－EPS を中心として－

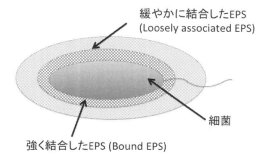

図 7.3　二重構造をとる EPS の模式図

　詳細な解析によると[3]、Bound EPS はタンパク質の割合が 50% 以上であり、やや多糖よりも多いことがわかった。また、Loosely associated EPS は、はるかに多糖の割合が多い。上述の 14 の役割は、それぞれこの構成比によって、またその構造そのものによって変わってくるものと思われる。これらがバイオフィルムの基板である材料によってどのように変わってくるかなど、今後の解析が待たれるところである。

　このように EPS をその主成分であるタンパク質と多糖、あるいは脂質に分類することは、顕微鏡など様々な可視化技術を使っては不可能である。これは FT-IR が最も適しているように思われる。Cao らは、これらの技術を使い、またその他の分析技術を併用することにより、FT-IR の結果から得られる特徴的なピークのいくつかを、その構成成分と対応づけることに成功した。図 7.4 は彼らの文献[3]からの引用であるが、この図にみられるように、いくつかのピークが得られるが、それらは Bound EPS と Loosely-associated EPS に分離可能である。具体的に図 7.4 について説明すると、1、2 のピークは細菌の細胞膜の脂質に関係するものである。一方、3、4、5、6 はタンパク質であり、Bound EPS に関係する。また、7、8、9、10 は DNA、11 は Loosely-associated EPS にかかわるが、多糖である。

　こうした解析についてはまだ緒についたばかりであるが、上述のように、EPS は現在バイオフィルムの研究の中で最も関心がもたれているトピックの一つであり、それは基礎的な観点からのみでなく、実用的な観点からもそう

第7章 材料表面の汚れとバイオフィルム－EPSを中心として－

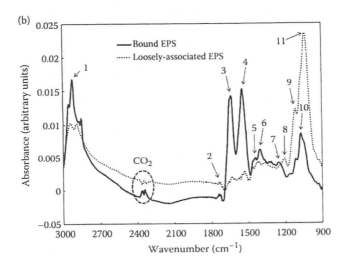

図7.4 バイオフィルムのFT-IRによる解析結果[3]

である。そのため、このような解析が進むことによって、さらに多くの基礎的知見と、工業的な展開の可能性が広がるものと思われる。

7.5 工業材料の汚れとバイオフィルム

　私たちの日常生活において汚れは様々な形で問題となる。ざっと見渡しても、ガラスやポリマーは工学関連の様々な目的に使われている。メガネや鏡、家屋や様々な建築物の壁、床、天井など、日常生活においても汚れが問題となることはいうまでもない。それでは、バイオフィルムがかかわる工業材料の汚れとそれによって引き起こされる問題にはどのような可能性が考えられるだろうか？　これについては本書の随所で、あるいは本章においても、すでに少し言及しているところであるが、もう少し具体的に述べてみたいと思う。しかし、このような捉え方は現在においては未だ必ずしも一般的でないと考えられるので、本節はある種予言というか、未来予測の一つといえるかもしれない。これまでにバイオフィルムが関与しているとは思ってもみなか

ったところで、かかわっている可能性があるという意味で、今後のための問題提起となるかもしれない。

　金属材料を様々な方法で成形した後、最終行程に近い部分で、メッキなどを含む各種表面処理技術が用いられている。その処理を行う前に、前処理と呼ばれる行程があることを読者諸氏はご存知だろうか。具体的には、脱脂、酸洗い、電解洗浄などである。金属材料を熱処理したり、表面処理したりする際に、そのプロセスの前段階において、これらの前処理を行って表面の調整を行うことが多い。これは結構重要な操作であり、実はそのあとのプロセスがうまくいくかどうか、製品の品質もこの前処理工程が決定的な影響を与えている。前処理をする必要性は、各種の製造プロセス中の汚染にその原因を求めることができる。

　製造プロセスの中では、様々な加工油が用いられているが、脱脂行程では、界面活性剤を用いてこれを除くことが行われる。また酸洗いでは、表面に生成したスケールなどの除去が、酸性の薬品を使って行われる。電解洗浄では発生したガスの効果で、油分が除去されたり、また材料表面近傍におけるpHの変化によって表面の汚れが除かれたりする。

　これらすべては、全く生物由来の多糖およびタンパク質の汚れを想定していない。加えて、バイオフィルムからのEPSによる汚れの固着、あるいはミネラル成分を取り込んでのバイオフィルムの成長などを考慮せずに対策が練られてきた。しばしば、解析不能な模様が表面に形成され、問題になることがある。これらはバイオフィルムがかかわっている可能性が大きいと筆者らは考えている。こうした問題が未解決なのは原因が特定できないからであるが、バイオフィルムという概念を入れると、解決の道が開かれるかもしれない。

　目を金属材料から転じて、ガラスや高分子フィルムなどを考えてみよう。これらの用途で目覚ましく拡大しているのは、タッチパネルである。ATMや券売機に使われてきたが、ここにきて、スマートフォンやタブレットPCにも用いられるようになり市場がますます広がりつつある。タッチパネルは、ディスプレイと位置入力装置を組み合わせた電子機器であるが、ディスプレイ部は、ガラスとその上におかれた高分子膜からなっており、最上部の高分

第7章　材料表面の汚れとバイオフィルム−EPSを中心として−

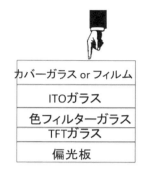

図7.5　タッチパネル表面構造の一例（模式図）

子膜は透明性、防曇性が保証されなければならない（図7.5）。これまで防曇性という概念のもとに、様々な工夫がなされてきている。防曇性の発想は、現在のところ、親水性−疎水性の問題に帰着して考えられているように思われる。具体的には表面を親水化させて問題解決を図るのが現在の主流である。しかし、それだけではなかなか問題解決ができないことが多い。何か重要なことが足らないのではないか。そのミッシングリンクが、細菌であり、バイオフィルムなのではないかと筆者らは考える。

　もし仮にバイオフィルムが形成されるのであれば、すでに述べたようにEPSが材料表面に形成されるために、表面に存在する無機物、有機物の汚れが固着され、また同時にEPSの作用によって、環境中の様々な重金属成分、それを含む無機物、有機物を取り込むことができるため、汚れという観点から考えるとますます汚れの程度が増加することが考えられる。このような細菌→バイオフィルム形成→EPSという流れの結果、ある意味で"変質"した材料表面が汚れを助長していると捉えることができれば、従来の方法に比べてさらにクリーンな表面を得ることができるのではないだろうか。

　バイオフィルムが原因となるガラス、ポリマーの汚れということでは、筆者らの何人かが詳しく検討して、開発にも携わった経緯があるため、ここに焦点を当てて、本章最後の本節において、少し詳細に述べてみたいと思う。

　お風呂などで、鏡を使っていて、最初は曇りが認められても、水で流れていくので気にならないが、次第に曇りが取れなくなっていくことを体験され

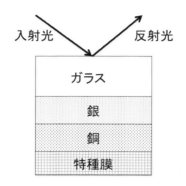

図 7.6 鏡の一般的な構造を示す模式図

た方はおられないだろうか？　一般的な鏡は、実は図 7.6 に示すような構造を示している。近年鏡に使われる材料と製造法が高度化して質が高くなったため、このような不具合が起こりにくくなったように思われるが、従来は表のガラスと金属層である裏金の間に水が入り込んで、曇りを引き起こしているようなケースもあったようである。これはガラスの構造を工夫することによって、解決されてきたようである。それで現在はそうした問題があまり起こらないので、こうした経験をした人もそれほど多くないかもしれない。

しかし、最表面のガラスに付着する細菌が引き起こす汚れの固着の問題は今まで考えられてはこなかったが、これは筆者らが経験した次のような問題解決のために、重要な一つのファクターとなってくることが可能性としてあげられる。それはヘリオスタットである。ヘリオスタットは太陽光を効率よく反射して、一点に集中して水を蒸発させ、その蒸気の力でタービンを回すことによって発電を行う、いわゆる太陽熱利用の発電システムである。図 7.7 にそのシステムの概要を模式図で示す。

この場合、ヘリオスタットの機構を考えると、太陽はご承知のように地球上からみて運動している（もちろん地球が太陽に対して動いているのであるが）ため、ひまわりのように、太陽光を常に追尾して、的確に太陽光を捉える機構を整備することが必要であるが、発電効率を上げるためには、実は鏡の表面の曇りを防ぐということがとても大切である。これについても従来の

第7章 材料表面の汚れとバイオフィルム－EPSを中心として－

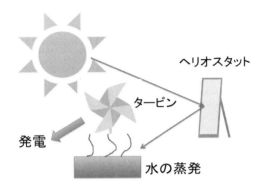

図7.7 ヘリオスタットの仕組み（模式図）

親水－疎水性の発想から様々な取り組みがなされているが、なぜか有効な対策が未だたたないのが現状である。わずか数パーセントの反射率の低下が、大きなエネルギー損失につながる。まして再生エネルギーとしての利用を考えるとき、このような損失は極めて深刻である。そのためには、曇らない鏡、曇らないガラスの開発が不可欠である。

　このようなコンセプトのもと、筆者らはいくつかの実験を行った[4,5]。筆者らの研究室では、研究室レベルではあるが、バイオフィルムを人工的に形成させる加速試験機を学生諸君とともに多数開発して試験している。その加速試験機が妥当性があるかどうか、現場での実機試験と比較して、どのような位置を占めるかなどを検証していく必要があることはもちろんである。そのような中で、比較的再現性のよい装置が、すでに第6章でもふれた（図6.5）実験室的バイオフィルムリアクター（laboratory biofilm reactor、LBR）である。一部再掲になるが装置系上部の主要部分を拡大して図7.8に示す。

　底部に必要な水媒体をためるタンクがある。これをポンプで系全体に繰り返し循環させる。上部に透明なアクリルのカラム中に、当該の試験片をセットする。水媒体はカラム内にセットされた試験片表面（表面は常に円筒形カラムの中心線上にくるようにセットされている。）に平行に1分間に数リットルから数十リットルの速さで流れるようになっている。"流れ"はしっかりとしたバイオフィルムを形成させるために必要である。この系の水の流れのう

122   第7章　材料表面の汚れとバイオフィルム－EPS を中心として－

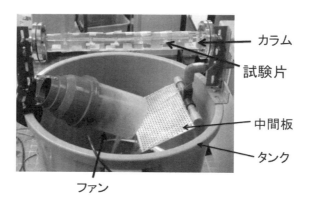

図 7.8　実験室規模でのバイオフィルム反応容器

ち、タンクとカラムの間で、水媒体が大気中に飛び出す箇所が設けられている。水媒体は中間板の上に落下し、この点で側面からファンによって風が常時あてられる。このプロセスによって、大気中の雑菌が混入し、再びタンクに落下して、これがポンプにくみ上げられてまた同じプロセスが繰り返される。

　このようにして、カラム中にセットされた試料表面にバイオフィルムが人工的に、しかも加速的に形成される。確かにバイオフィルムが次第に形成されていくのは、本書の別の章で述べたような様々な方法でチェックして確認できる。その場合にガラスがバイオフィルムの形成とともに曇っていき、透明なガラスの透過度が次第に減少することが確認できた。このようにして、バイオフィルムの形成によって、ガラスが曇ることが証明できる。

　ところで、どのくらい速いスピードで加速されるのであろうか。それはもちろん、流速、温度、試験片の種類、水媒体の種類などに依存して様々に変わると思われるが、筆者らの検討によると、流速 6L/min、水媒体を鈴鹿市の浄水（鈴鹿高専の水道水）、温度 30℃、試験片を市販フロートガラスとしたとき、10 日間の試験によって、ガラスの曇りの程度（透過率の現象）は、例えば奈良盆地での暴露試験の結果と比べて、ほぼ 10 年に相当することが確認できた[6]。そのような程度の加速試験になっているといえる。このようなガ

ラスの曇りは、バイオフィルムを防ぐというコンセプトでの対策が確かに有効である。

　筆者らは、バイオフィルム形成を防ぐために、材料表面に抗菌効果があることで知られている銀、銅、チタンなどをコーティングすることで、バイオフィルム形成を防げないかと考え検討した。確かにこれらの金属を材料表面に何らかの方法で薄膜状に形成させると、バイオフィルム形成は抑制された。しかし、金属のイオン化により、細菌の増殖が妨げられる一方、イオン化によって表面の抗菌性を発現する金属自身が消耗される。表面の腐食も進むことであろう。したがって問題は、こうした抗菌金属をいかに安定的に材料表面に形成させるか、そして難溶性でありながら、わずかずつ溶解する金属イオンの量が、抗菌性に適切であり、しかも材料表面の耐食性という観点からも適切な量としてコントロールされるかどうかが、問題解決のポイントとなる[7]。筆者らは図7.9に示すような膜の開発を行った[8]。基材はシラン系オリゴマーである。

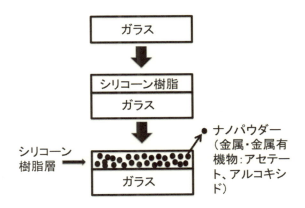

図7.9 アンチバイオファウリングコーティングの一例[6]

　以上、工業材料の中で、金属材料の製造、ガラス、フィルムの汚れに焦点を当てて、バイオフィルムに関係する予想される汚れの問題を取り上げた。そういうことがあったのかと、目から鱗、という方々が読者に多くおられればとても嬉しく思う。

本節の初めに、予言、という表現を用いた。わが国の社会の進む方向を考えると、確実に少子高齢化の道を辿っていることは明らかである。それは先進国の宿命なのかもしれない。歴史上発展を遂げた国は必ず高みに達して、その後は次第に衰退するか、あるいは成長を止めるというのは、残念ながらどうも歴史の必然である。その観点からすると、わが国も今後、規模を拡大していくような方向での発展は難しいように思う。そうではなくて、むしろ質の転換を図り、中身を充実させていくということが一番あり得そうな将来の方向性である。そのような観点から工業材料を見渡したとき、汚れフリーという質の高い材料の創製、材料表面の創製は質の向上ということで、わが国の表面技術にとって、望ましい方向、あるいはもっと強くいうと、とらざるを得ない方向であるということができるのではないだろうか。汚れフリーの材料表面はまさに材料の質を高め、生活の質を高め、そして産業プロセスの質を高める、未来志向型の表面といえる。

参考文献

[1] 大矢勝：「洗浄・洗剤の科学」解説コーナー，
http://www.oyalab.ynu.ac.jp/kaisetsu2/01basic/02soil.html
[2] Abrahamson, M., Lewandowski, Z., Geesey, G, Skjak Braek, G., Strand W., and Christensen, B.E., Journal of Microbiological Methods 26(1-2): p.161-169, 1996
[3] Cao, B. et al., Environmental Microbiology 13: p.1018-1031, 2011
[4] 兼松秀行，黒田大介，小屋駿，伊藤日出生，閉鎖循環系浸漬試験を用いたバイオフィルムの実験室的製造法の開発．表面技術, 2012. 63(7): p.459-461.
[5] Kanematsu, Hideyuki, Kogo, Takeshi, Itoh, Hideo, Wada, Noriyuki, and Yoshitake, Michiko, *Fogged Glass by Biofilm Formation and Its Evaluation*, in *Proceedings of MS & T' 13* 2013: Montreal, Quebec, Canada. p.2427-2433.
[6] 黒住徹，川島信彦：ハウス用被覆資材の屋外暴露による経年変化，奈良県農業試験場研究報告第14号，p.1-10（1983）
[7] Kougo, T., Kanematsu, H., Wada, N., Hihara, T., Minekawa, M., & Fujita, Y. : Metal coated glasses by sputtering and thir microfouling properties, AIP Conference Peoceedings. 2014. 1585 : p.160-163

[8] 兼松秀行, 幸後健, 野田美和, 和田憲幸, 水越重和, 佐野勝彦, バイオフィルム形成能を抑えた防汚コンポジット被膜, 特願*2014-36716*, 日本特許庁, 2014

第8章 新しいバイオフィルムの評価法
－将来に向けて－

8.1 はじめに

　これまでバイオフィルムが我々の日常生活あるいは産業界にどのような影響を与えているのかについて、様々な確度から見てきた。よい影響を与える場合もあり、また悪い影響をもたらす場合もある。しかし、いずれにせよ、その制御を適切に行うことは必要となるであろう。そのためには、バイオフィルムを正確に観察し、把握し、評価する技術をもつことが必要である。

　ところで、第6章において、医療関連機器材料に関連して、バイオフィルムの評価法について、筆者らの試みを中心にして、すでにいくつかについて記述した。本章では、現在までに試みられてきた従来のバイオフィルムの評価方法を、もう一度一般的評価法として測定原理から整理し直し、さらに将来に向けて現在検討段階にある先進的な評価法とその特徴をご紹介する。

8.2 染色について

　生物学的な検討では最もよく行われるのが染色である。これは色素の中に、細菌細胞の構成要素（細胞、オルガネラ）に結合するものが多くあり、この性質を用いるタイプと、特定の酵素と結合すると発色するタイプのものに分類される。細菌を染色し、顕微鏡観察と組み合わせて細菌の観察が従来よく行われてきた。バイオフィルムは細菌の作用によって形成するため、細菌を同定することによってバイオフィルムを同定しようということがその方法の根底にある。またもともとバイオフィルムは細菌学者や生物学者によって検討され始めたため、こうした観察法が好んで用いられているという側面もあ

表8.1 細菌の染色に用いられる代表的色素[1]

色　素	特　徴
ビスマルクブラウン	粘性物質の酸性ムチンを黄色く染める
カーミン	グリコーゲンを赤く染める。
クマシーブルー	タンパク質を強く青に染める。
クリスタルバイオレット	細胞壁を紫に染める。代表的なグラム染色のための色素。
DAPI	DNAと結合し、紫外線に励起されて青の蛍光を出す蛍光色素。
エオシン	ヘマトキシンと用いられ、細胞質、細胞膜、一部の細胞外構造をピンク、赤に染める。
エチジウムブロマイド	DNAに反応して赤色に染める。蛍光色素。
フクシン	コラーゲン、平滑筋、ミトコンドリアを赤紫色に染める。
ヘマトキシリン	核を青紫、茶色に染める。エオシンと併用して対比染色に用いられる。
ヘキスト	DNAを青く染める。蛍光染色。
ヨウ素	代表的なグラム染色の一つ。デンプンを青色に染める。
マラカイトグリーン	細菌を緑に染める。サフラニンと併用して対比染色に用いることが多い。
メチルグリーン	細胞質と核小体を染める。ピロニンと併用して、DNAを緑に染め、赤く染まるRNAとの対比染色が行われる。
メチレンブルー	細胞核を深い青に染めてみやすくする。
ニュートラルレッド	細胞核を赤く染める。
ナイルブルー	細胞核を青く染める。
ナイルレッド	細胞を赤く染める。
ローダミン	赤く発色する蛍光色素
サフラニン	核を赤く染め、コラーゲンを黄色に染める。
アリザリンレッドS	骨のカルシウム沈着部分を赤く染める。
アルシアンブルー	粘性のムコ物質を青く染める。

表 8.2 代表的な染色法[2]

グラム染色	細菌類を染色するのに用いられる代表的手法。クリスタルバイオレットあるいはゲンチアナバイオレットを用いる。染色によって紫色に染まるものをグラム陽性菌、紫色に染まらず赤く見えるものをグラム陰性菌という
チール・ネールゼン染色	結核菌などの抗酸菌を染色するために用いられる。従来のグラム染色では染色がむずかしい。
ヘマトキシリン・エオシン染色	病理組織標本などを染色するのに用いられる基本的方法。ヘマトキシリンで核が青藍色に、エオシンにより細胞質、繊維類、赤血球がピンク色に染まる。全体像を把握するために用いられる。
マッソン・トリクローム染色	膠原線維をアニリン青で染色する染色法。核を鉄ヘマトキシリンで黒紫色に、細胞質を酸フクシンで赤色に染める。
ロマノフスキー染色	メチレンブルー、メチレンアズール、エオジンの三種類の染色剤を基調にした染色法。
銀染色	タンパクを膜に固定してから、銀イオンをタンパクに結合させ、ホルマリン、クエン酸で還元する。タンパク質が真っ黒に染色される。
パス染色	多糖類中のグリコール基を過ヨウ素酸によってアルデヒド基に変え、塩基性フクシンと反応して、赤色に染まる。グリコーゲンの他にムコタンパクも反応する。
コンゴーレッド染色	ベンジジンジアゾビス-1-ナフチルアミン-4-スルホン酸のナトリウム塩でアミロイドを染色する。
ズダンIII染色	ズダンIIIを用いると、細胞組織に触れて、組織内脂質にとけ込み、脂肪染色が起こる。
パパニコロー染色	核染色のヘマトキシリン染色液を用いて、細胞を染色する基本的染色法の一つ。がんや感染症の染色法として現在も臨床現場で広く用いられる。
ギムザ染色	主としてアズール-II-エオシンからなる染色剤を用いて細胞核のクロマチンが固有の赤紫色に染まり、細胞質の各種顆粒が好酸性と好塩基性に染め分けられるのが特長
ゴルジ染色	神経組織の染色法の一つ。クロム酸銀の黒い粒子が、細胞の縁にそって沈着し黒く染まる。
免疫染色	抗体を用いて、実験サンプル中の抗原のみ特定して染色する手法。

る。用いる色素が蛍光色素の場合とくに蛍光染色と呼ばれている。一般に染色には様々な色素が用いられる。表8.1[1]にその代表的な色素を示す。また、これらを使った代表的な生物学的染色法を表8.2[2]に示す。通常染色した後、これらを洗浄したり、またあらかじめ媒染剤を使用したりする。

　これらを参考に様々なバイオフィルム染色が考えられる。細菌を染色するのには最も都合がよいのが、グラム染色である。なぜならば細菌を染める手法であるからである。しかし、細菌でなくとも、バイオフィルムはこれまで見てきたように細菌以外に様々な構成要素をもつ。そのため、生物学的な染色法を用いてそれらを染め分けることにより、バイオフィルムを特定することができるのではないかと考えられる。

　筆者らがバイオフィルムの染色に多用している染色法は、クリスタルバイオレットを用いた方法であることはすでに述べたとおりである。これについての詳細は、第6章6.5.1項にある生物学的手法をご覧いただきたい。

8.3　光学顕微鏡

　このような方法で細菌などを染色した後、可視化するためには、通常顕微鏡が用いられる。顕微鏡としてよく用いられるのは光学顕微鏡である。バイオフィルム観察においても、顕微鏡を用いるのが、最も簡単であるため、工業的な手法としてもこれが実用的には最も便利であるように思われる。第6章においては、実際に光学顕微鏡を用いた筆者らのバイオフィルム評価の試みを紹介したが、ここでは読者諸氏の参考までに、光学顕微鏡そのものの紹介をすることにする。

　もともとLeeuwenhoekが細菌を観察した際に用いたのも光学顕微鏡であった。透過型、反射型で外部からの光を利用するものと、蛍光作用などにより試料が自ら発する光を観察に用いるものとがある。いずれの場合も、容易に直接対象物を観察できるという利点があり、この意味からも工業的な観察法として最適である。一方において、通常観察の範囲は数倍から数十倍、数百倍、数千倍に至るが、用いるプローブが可視光であることが多いために解像度の制限がかかっていると考えることができる。さらに高い倍率で詳細に対

第 8 章 新しいバイオフィルムの評価法－将来に向けて－

象物を観察したい場合は、プローブを X 線など他に変えた測定を選択する必要がある。

　一般に光をプローブとして用いる光学顕微鏡は、細菌、細胞などを観察するのに用いられる生物顕微鏡、金属など固体試料を用いるのに用いられる金属顕微鏡、さらには、生物試料、固体試料を問わず、そのまま試料を観察するのに用いられる実体顕微鏡に分類される。生物顕微鏡は様々な容器やプレパラートを用いてサンプルを準備し、下にある照明を試料にあてて、光を透過させ、その透過光を観察する形になっているのが通常である。このため、生物顕微鏡は透過型顕微鏡とも呼ばれている。一方、固体試料の観察に用いられる金属顕微鏡の場合は、照明は試料の上方から投射され、固体試料から反射された光を観察する。このため反射型顕微鏡とも呼ばれている。一方実体顕微鏡は左右両眼でそれぞれ独立した工学系を有しており、左右両眼で観察して、その見え方の違い、いわゆる視差によって立体感が生じる仕組みになっている。このため、実物を低倍率ではあるがそのまま観察できる利点がある。

　図 8.1 にその光学系の一例を示す。図 8.1(a)は両眼の光学系が平行になっている平行光学系の場合を示しているが、左右両眼の光軸がある角度をもって傾斜している光学系もある（内斜光学系、図 8.1(b)）、それぞれに長所・特

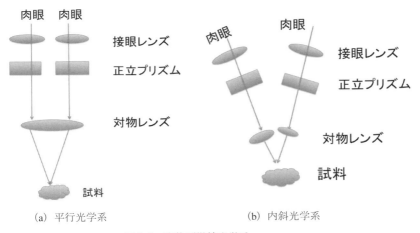

(a) 平行光学系　　　　　　　(b) 内斜光学系

図 8.1　実体顕微鏡光学系

徴がある。

　一方、照明と対物レンズの位置的関係から顕微鏡を分類すると、正立型顕微鏡と倒立型顕微鏡に分かれる。図 8.2 に模式的に示すように、対物レンズでサンプルの拡大された倒立画像を得て、さらに接眼レンズでこれを拡大した像とし、肉眼で観察する。したがって、得られる画像は倒立の拡大画像となる。このような工学系をもつものは複式顕微鏡と呼ばれる（図 8.2(a)）。一方、近年よく用いられるような CCD カメラを用いたテレビ観察は、対物レンズで得られる拡大された倒立虚像を直接画像表示する形式のものであり（図 8.2(b)）、複式顕微鏡に対して単式顕微鏡と呼ばれる。Leeuwenhoek の顕微鏡は、当時 CCD カメラはもちろん存在しなかったが、この単式顕微鏡であった。

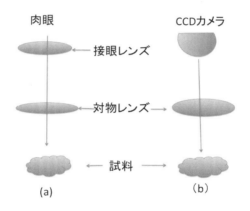

図 8.2　複式顕微鏡（a）と単式顕微鏡の光学系（b）

　これらいずれの形式の顕微鏡を用いても、バイオフィルムは観察できるが、バイオフィルムであることを顕微鏡観察のみで単独に判断することは危険である。以下に紹介する様々な方法あるいはすでに述べた染色などと組み合わせて、バイオフィルムであることを確認し、これに対応する画像がどのように見えるかを確立していくプロセスが必要である。

8.4 蛍光顕微鏡

　一方、生物試料の観察においては蛍光顕微鏡が染色技術と組み合わされて、しばしば用いられてきた。この場合通常の顕微鏡とは異なり、ある特定の波長のみを照射し、発せられた蛍光をフィルターを用いて取り出す構造となっている。光源としてよく用いられるのは、超高圧水銀ランプ、キセノンランプ、紫外線 LED、レーザ光であり、これらを用いて染色された試料表面を選択的に発光させて、これを観察する手法である。染色に用いられるのは、フルオレセインあるいはローダミンのような低分子有機化合物か、GFP などの蛍光タンパク質である。前者はタンパク質や核酸のラベルに用いられ、後者は細胞の静的構造や動的な構造を観察するために用いられる。その原理は模式図として図 6.7 に示されている。

　いろいろな波長が混在している光源からの光を励起フィルターを用いて蛍光色素、蛍光タンパク質に適する波長の光のみ選択的に透過させる。続いてビームスプリッターである波長の光のみ選択的に反射させ、他の波長の光は透過させる。反射された光が試料に投射されて、試料の一部が選択的に発光する。これをビームスプリッターで選択的にある波長の蛍光のみ透過させ、カメラ、あるいは接眼レンズで観察する。このようにして、様々な細胞や細菌など生体の観察をすることができる。

　蛍光顕微鏡を用いてバイオフィルム研究を行った例としては、バイオフィルム中の細菌の特定を行えること、また細胞外重合物質（EPS）を観察できることが利点として挙げられる。しかし次に説明する共焦点レーザ顕微鏡に比べると、二次元的解析に留まらざるを得ない。

8.5 共焦点レーザ顕微鏡

　これらからさらに進んだ観察法として、共焦点レーザ顕微鏡があげられる。この手法は、バイオフィルム評価とその構造解明に大きな役割を果たしたことは、すでに第 6 章において述べたとおりである。共焦点レーザ顕微鏡の原

第 8 章　新しいバイオフィルムの評価法－将来に向けて－

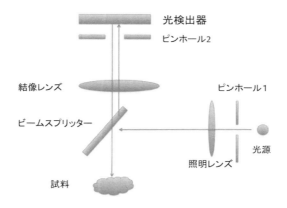

図 8.3　共焦点レーザ顕微鏡光学系

理図を図 8.3 に示す。ピンホール 1（点光源）からのレーザ光を試料に投影する。さらに試料の像位置に配置されたピンホール 2 と検出器（光電子増倍管）を配置する。ここで、試料上で焦点があったときに同時にピンホール 2 でも焦点があうとき、大部分の反射光はピンホールを通過し検出器上で受光することができる。

　共焦点レーザ顕微鏡は、一般的に生物学分野において多用される将来性のある可視化の手法である。1957 年当時 MIT の学生であった Minsky によって発明された。バイオフィルム観察における成功のみに留まらず、生物学全般においてこの手法が今後有望であると考えられている。特にこの方法がバイオフィルム研究に多用されてきた理由は二つ挙げられる。もともと、染色して観察するのは生物学における常道であり、すでに表 8.1 にまとめられているように、多数の染色剤が開発されている。このような背景から、染色とイメージングを組み合わせた蛍光レーザ顕微鏡による観察法は、生物学の分野における研究者にはアプローチしやすい方法であったように思われる。もう一つは共焦点レーザ顕微鏡のもつ、高いコントラストおよび分解能といった特性が、通常の顕微鏡では観察しにくい、凹凸のあるバイオフィルムの観察を可能にしたものと思われる。実際バイオフィルムを可視的に観察して成功を初めて収めたのは共焦点レーザ顕微鏡である。

これまでに得られた成功例として、いくつかの成果を挙げると、まず第一にバイオフィルムの三次元像を凍結乾燥など、水の固定を考えずに観察可能であることが挙げられる。第二に微小電極と組み合わせた測定法が挙げられる。この方法により材料表面の栄養の分布とバイオフィルムの状況についての情報が得られる。第三はバイオフィルム中の物質移動の状況が測定されたことである。バイオフィルム中には、たくさんの流路が存在しており、水と炭素化合物など栄養分が移動しているが、この移動の様子が共焦点レーザ顕微鏡で測定されたことである。このようにして、バイオフィルムの構造解析が共焦点レーザ顕微鏡を用いることによって著しく進展したことは特筆すべきことである。

8.6 光学顕微鏡を使った3Dイメージング

すでに述べたように、顕微鏡は最も直感的にバイオフィルムを観察するために便利なツールである。染色との組み合わせでバイオフィルムを特定することが上記のように常道であるように思われるが、材料工学、材料科学の研究者や技術者にとって、染色はなじみが少なく、それ以外の方法で行えると、バイオフィルムと材料工学のかかわり合いを調べる研究者・技術者もさらに増えるものと思われる。このような目的で光学顕微鏡の中でも反射型の金属顕微鏡を観察に用いることは有意義である。特にこの場合、反射型顕微鏡の凹凸を表示できる技術を用いると、バイオフィルムの特徴をつかむことができるため、従来の顕微鏡観察の枠を越えた新しい評価法につなげることができる。図8.4にその模式的な原理図を示す。

通常光学顕微鏡の光学系においては、接眼レンズ、対物レンズを用いて、光源から発した光の焦点が合うように観察する。しかし、焦点を中心にステージを微妙に移動させることによって、バイオフィルムのような凹凸のある物体を様々なポイントにおいて上方から静止画像を撮影し、それらを重ね合わせて表示することができる。このような顕微鏡においては、高さ方向の情報を得ることができる。このようにして凹凸のあるバイオフィルムの立体像を得ることができる。この観察法では、装置の性能に依存するが、一般に高

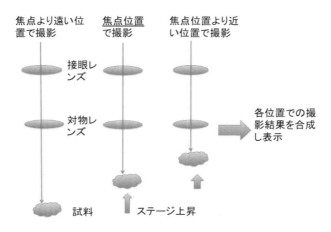

図 8.4　光学顕微鏡 3D イメージングの概要

さ方向の情報は、それほど厳密ではなく、この点において定量性にやや難があり、半定量的といえる。バイオフィルムができやすいか、できにくいかなどの相対比較など、スクリーニング試験に用いられることが多い。この方法で筆者らが材料表面のバイオフィルムを観察した試みについては、第 6 章 6.5.2 項に詳しく述べた。また、その結果観察されるバイオフィルムは図 6.8 にその一例が示されている。

8.7　走査型電子顕微鏡（SEM-EDX）

走査型電子顕微鏡は、第 6 章の図 6.9 の原理図に示すように、電子ビームを発生させ、これを試料サンプルに投射することにより、試料表面と電子ビームが相互作用を起こすことによって、試料表面から出てくる二次電子、あるいは反射電子の像を結び、可視化する技術である。二次電子、反射電子いずれの場合も、試料表面の元素の違いによって像が結ばれるのが特徴である。したがって、得られるサンプル表面像は、幾何学的形状が示されていても、結局は元素の違いによって形成されていることを忘れてはならない。電子線を試料表面にあてることによって、特性 X 線が同時に放出される。これを半

導体検出器によって検出して元素を同定し、定量することができる。このような機能がついた走査型電子顕微鏡をエネルギー分散型走査型電子顕微鏡と呼ぶ。この機能がついていると、表面形態の観察のみでなく、特定の局所領域の元素の分析が可能となる。走査型電子顕微鏡の一つの特徴は、電子ビームを散乱させることなく、試料表面に投射するために、高真空の中で上記のプロセスを行わせることにある。

一方、バイオフィルムはすでに述べたように、水を大量に含む。そのため、高真空中では測定が難しい。真空に引けなかったり、所定の真空度に到達するために長時間かかったり、蒸散により測定計を汚したり、またバイオフィルム自体の構造を変えてしまう。そのため凍結乾燥などを行い、情報ができるだけ失われないようにして水を固定し観察するなどの方法がとられる。

これに対して、低真空での観察が可能な通称環境 SEM あるいはミニ SEM と呼ばれる走査型電子顕微鏡がある。この装置を使うと、バイオフィルムの観察が比較的容易である。さらには EDX 機能がついているものを用いると、具体的にバイオフィルムが観察できる局所領域における元素の存在状態を知ることができる。これらはバイオフィルム内に無機物質が濃縮あるいは偏析することによって、バイオフィルムが存在している場所とそうでない場所で、元素の存在状態が異なる事実を用いている。したがって、バイオフィルムを直接観察しているというよりは、その痕跡を間接的に観察する方法と捉えることが妥当かもしれない。

8.8 透過型電子顕微鏡（TEM）

8.7 節で説明した走査型電子顕微鏡と同じ電子顕微鏡ではあるが、電子線をあてて、反射像あるいは二次電子像ではなく、それを透過した電子が作り出す干渉像を拡大して観察する顕微鏡を透過型電子顕微鏡（TEM）と呼ぶ。当初は工学における固体試料の観察が主流であったが、試料の調整法や染色法の技術開発、向上により、生物試料の観察ができるようになった。TEM を用いたバイオフィルムの観察の一例としては、細菌の直接的な観察が挙げられる。実際にバイオフィルムの主要な原因となっている細菌がわかっていると

きに、これらを直接観察して、それが引き起こす化学反応（元素の動き）を観察した例がある。その意味で TEM を用いた観察法もバイオフィルムそのものというよりもむしろ細菌細胞あるいは元素の動きの観察が主であるといえるが、これらはまだ今後様々な展開を遂げるであろうことが期待される。

8.9　原子間力顕微鏡（AFM）

　原子間力顕微鏡は、探針を試料表面に接触させ、材料表面を走査させ、表面形状に関する情報を得て、材料表面の幾何学的形状を可視化する分析技術である。これについてはすでに第 6 章において述べ、その原理図は図 6.11 に示した。同図に示すように、カンチレバーの先端に AFM 探針が取り付けられている。探針と試料表面は微小な力で接触されており、カンチレバーのたわみ量が一定になるように探針-試料表面間の距離をフィードバック制御して走査させる。これによって表面の幾何学的形状が画像化される。

　一般に AFM の観察モードは主に次の三つである。その一つは、コンタクトモードであり、最も一般的な AFM の測定法である。試料をなぞるように走査させてその信号が試料の表面の幾何学的形状に対応しているので、これを可視化できる。AFM の中では測定が最も容易であるが、接触式なので試料表面を損傷する可能性があり、軟らかい試料などの場合は不向きであることが多い。

　二つ目は、ノンコンタクトモードと呼ばれる方法で、圧電素子を用いて、表面のごく近傍でカンチレバーを上下に振動させ、レバー-材料表面間の原子間相互作用力を検出しながら、材料表面を走査させる。非接触なので、コンタクトモードの場合にように試料を損傷させる恐れがないことが利点である。

　三つ目のモードは、タッピングモードである。ノンコンタクトモードと同様に探針が上下に振動し、材料表面を接触しながら走査する。この方法によって分解能が高く精密に測定できる。液中での in situ な測定もでき、また生物試料への応用にも期待ができるため、バイオフィルム測定にも今後多用できる可能性がある。

これら三つのモードについて一長一短が考えられるが、全般的に、AFMを用いることにより、特に真空を必要とせず、試料前処理も特段何も必要なく、可視化ができること、バイオフィルムの大きな特徴となる細菌の存在も直接可視化によって確認できることなどの利点がある。

バイオフィルム測定に関しては、実際に細菌が材料表面に付着したときに幾何学的な形状の変化が表面に起こるが、これを計測することができる。また、個々の細菌の形状を計測することもできる。AFMはナノオーダーの計測はむしろ得意であり、マイクロオーダーになると苦手と考えてよい。細菌の大きさは通常マイクロオーダーなので、むしろ細菌の各部位の観察が可能となるかもしれない。また、バイオフィルム中では細菌の大きさが小さくなるといわれているため、AFMにとっては好都合かもしれない。さらに、バイオフィルムが形成されることによって、基材の材料に腐食、スケール形成など様々な影響があることが予想されるが、この基材の観察にも用いることができる。他にも様々な現象の観察に用いることができるため、今後も期待できる可視化のための手法である。

AFMは共焦点レーザ顕微鏡と並んで、バイオフィルムの観察を可能にする強力なツールとして、すでに定評がある。今後この装置と他の分析法を組み合わせた新しい展開が期待される。

8.10　遺伝子解析（群集解析）[3,4]

上記のほとんどは顕微鏡による可視化という点では、共通している。しかし、そもそもバイオフィルムは細菌の活動によって形成されるものである。この観点から、細菌の直接的観察が大変有効である。ところが通常、可視化の際に真空中であったり、倍率や解像度が十分でなかったり、その他の不可避的な理由で細菌が確認できないことが多い。また、細菌が確認されたとしても、それがバイオフィルムと関係があることを明確に示すことがむずかしい場合もある。通常、AFMやその他細菌の直接観察が可能な測定法の場合、バイオフィルムを間接的に示す結果と細菌の同時存在でバイオフィルムの存在を指摘することになる。いずれにしろ、細菌の直接的な観察は大変むずか

しい。

　これに対して染色法は簡易的に細菌の存在を示すことができるので、有効である。しかし、理想的な系、すなわち特定の単一細菌、あるいは2、3の複数の細菌を用いた研究を除いては、通常材料表面に付着する細菌を同定することは大変むずかしい。それはすなわち、材料表面の諸現象の因果関係を、バイオフィルムの存在から説明することがむずかしいことを示しているに他ならない。

　以前筆者らも、しばしば技術相談を民間企業から受けたことがあるが、その一つは、微生物付着の影響で形成されたバイオフィルムの影響で材料の腐食劣化が起こったのではないかと思われるケースであった。腐食した材料部材の外観を示す写真、材料の一部を切り取ったもの、そして、その周辺に存在する水溶液のサンプルを提供され、"これでなんとかバイオフィルム形成の結果起こった微生物腐食が原因かどうか確認しくれませんか？"という技術相談だった。しかし、そもそもそのようなサンプリングから、培養法を使って細菌の影響を示すことは不可能に近い。自然界において存在する微生物のうち、我々人類に知られているのは、ほんの数パーセントに過ぎないからである。

　一方、分析対象の細菌について、培養して同定するためには、その手法がすでに知られている必要がある。しかし通常、それは不可能である場合がほとんどである。ファウリング（生物付着）において細菌の同定がむずかしいことが、これまで様々な混乱と間違った結論を導いてきた可能性があると筆者らは考える。

　不特定多数の細菌が存在する系において、その細菌の同定を行う方法が、幸いにも20世紀の終わりに提唱され開発されてきた。群集解析と呼ばれる環境微生物の多様性解析技術の進展である。これによって、複雑系であるバイオフィルムを複雑系のままで取り扱うことが可能となった。

　この手法は図8.5に示すように一般的に次の四つのステップからなる。最初にバイオフィルムが形成されている材料表面から微生物由来のバイオフィルム構成物質をかきとって集める。これに試薬を添加し、加熱処理などを行い、DNA抽出を行う。抽出したDNAについて、PCR法を用い、rDNAの特

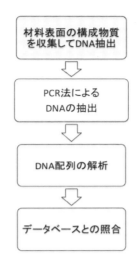

図 8.5 バイオフィルムの群集解析手順

定領域（細菌は 16S rDNA、真菌は 28S rDNA D2）を増幅し、DNA の精製を行う。その後 DNA シーケンサーを用いてキャピラリー電気泳動を行い、DNA 配列を解析する。そのデータを様々なデータベースと照合して、微生物の近縁種の推定を行って細菌の同定をする。この方法によると、細菌の種類は、おおよそどの系統に属するかを決定することができるが、完全に細菌名までも決めることはできないことが多い。

筆者らもこの方法を用いて、かつて海洋環境に浸漬した鋼など各種金属材料上に形成されるバイオフィルムを構成する細菌の同定を試みたことがあった。その際に、従来いわれているような特殊な酸化還元反応を起こす細菌はあまり認められず、むしろ培養不可能な細菌（生きているが培養不可能な細菌の意味で Viable But Nonculturable bacteria、VBNC 細菌）が主となっていることを発見した（第 3 章の図 3.11、図 3.12 参照）。このことは、従来特定の細菌が材料との間で相関を起こすことにより腐食劣化についてのメカニズムが組み立てられ提唱されていたことについて、根本的に疑問を投げかける事象であった。ある細菌の性質というよりも、むしろどこにでもいる普遍的な、しかし培養不可能な細菌が総体としてのバイオフィルムとして作用すること

によって材料への影響を与えるという理解が大切であることを教えている重要な結果であると筆者らは考えている。

　これら遺伝子解析をベースとする群集解析によるバイオフィルム評価法は、その手法が確立されれば、再現性が高く、迅速で客観性のある結果が得られる利点をもつ。また、それよりも何よりも、バイオフィルムという複雑系における細菌の評価法としては不可欠になっていくと予想している。この手法を用いると、細菌の同定のみでなく、DNAから細菌の数を見積もることもできる。これによって細菌の増殖が制御されているのかあるいは促進されているのか、といった評価も可能となるものといえる。

8.11　可視紫外分光法（UV-VIS）

　ガラスのような透明な固体あるいはフィルムなどの評価には、UV-VISが有効である。これは前章で解説したように、バイオフィルムが形成されると、汚れが固着されることによって、曇りが生じる。曇りとバイオフィルムの形成の度合いについては一定の相関があるので、透過率をはかるとバイオフィルム系性能を評価できるものと考えられる。材料基板が透明な場合に限定されるが、そのような材料については有効な手法となると考えられる。あらかじめバイオフィルム形成の確認をしておく必要があることはいうまでもない。例えばすでに述べた細菌の染色を行って、その程度と透過率の相関を抑えておくことも一法であるし、また染色を行って染色の度合いを透過度で評価するようなバリエーションも考えられる。

　UV-VISは、通常200～1,500nm程度の波長範囲の光を試料に照射すると、試料構成物質の分子内の電子遷移（π-π'遷移、n-π*遷移、d-d遷移、金属-配位子間電荷移動など）に起因するエネルギーが吸収されるために、透過率が変化することを利用する。

8.12　質量分析の利用

　質量分析器でバイオフィルムを分析・評価する手法がしばしば検討されて

第 8 章 新しいバイオフィルムの評価法－将来に向けて－

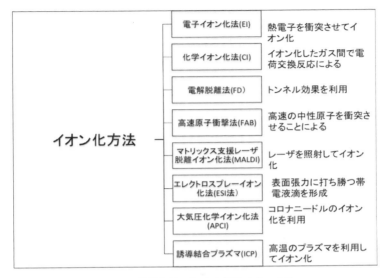

図 8.6 質量分析における各種イオン化法

いる。質量分析は、そもそも分子やイオンの質量電荷比を求める分析法である。物質は一般に化学的には原子、分子、イオンが集まってできている。これらを種々の方法でイオン化し、アナライザーによって質量電荷比によって分離し、検出器により分析する。これによって分子構造や分子量を推定することができる。図 8.6 にイオン化の方法を挙げた。

このようにして、イオン化した試料を質量電荷比によって分離するには様々な方法が用いられる。磁場偏向型 (magnetic sector) と呼ばれる方法では、イオンを磁場中に通し、その際に受けるローレンツ力に従って、飛行経路を分離する。

四重極型 (quadrupol、Q) では、イオン化した試料を 4 本の電極内に通し、電極に高周波電圧をかけ、特定のイオンのみを通過させる。

イオントラップ型 (Ion Trap、IT) では、イオンを電極から構成されるトラップ室に保持し、電位を変化させることにより、イオンを選択的に放出させ分離する。

飛行時間型二次イオン質量分析法 (time-of-flight secondary ion mass

spectromicrosopy、ToF-SIMS）では、固体表面に一次イオンを照射し、はじき飛ばされた二次イオンを飛行時間型の質量分析器を用いて分析しスペクトルを得て、これを解析することにより試料表面の構造解析を行うことができる。この方法では、スパッタされた二次イオンの飛行時間によって質量分離が行われる。

フーリエ変換イオンサイクロトロン共鳴型（fouier-transform ion cycrotron resonance、FT-ICR）では、イオンを高磁場中に導き、イオンサイクロトロン運動の周回周期を検出し、フーリエ変換により質量電荷比を産出する。

加速質量分析（accelrator mass spectrometry、AMS）では、加速器を利用して、物質が通過する際のエネルギー損失により特定の原子を選択的に計測する。

これらのうちとくに ToF-SIMS は有機物、無機物ともに分析可能であり、また極表面の情報が精度よく分析できる利点がある。イメージ分析も可能である。この手法を用いてバイオフィルムが形成されている材料表面の様々な情報が明らかにされつつある。第 7 章において述べたように、EPS の役割が工業上、非常に重要になってくることが予想される。そのためには EPS の解析が今後大変重要となる。EPS は各種代謝生成物が複雑に絡み合った複雑系である。これらは一般にメタボライトと総称される。メタボライトの解析はメタボローム解析と呼ばれ、系中に含まれる代謝生成物、ホルモン、シグナル物質、副産物すべてをカタログ化して解析する。この手法が EPS のような複雑な系では将来主流となるであろう。このような解析、分析、評価に質量分析が中心的役割を果たすことが期待されている。

8.13 白色干渉計

様々な顕微鏡を用いた測定法の中に、微分干渉観察法がある。これは投射した光が試料を透過する際に、試料の凹凸がある部分で生じる位相差を利用して、明暗のある像にコントラストをつけて観察すると、試料の輪郭に影がついて立体的に見える。これを利用し発展させた白色干渉計が高度化されて、表面分析に利用されている。これがバイオフィルムに適用可能であり、いく

つかの観察例が検討されている。この方法は特別な真空を必要としないために、通常の光学顕微鏡のように装置を取り扱うことができる利点がある。通常高さ方向の精度がかなりよく、それに対して二次元的にあまりよくないことが多い。しかし、それだけ広範囲の観察が平面的には可能であるため、守備範囲が同じような AFM と比べると、マイクロメーターオーダーの観察が平面的に可能となる利点がある。取り扱いも測定時間も AFM よりも容易で短時間で行える。

8.14 赤外分光法（FT-IR 法）

赤外分光法（FT-IR 法）はサンプルに赤外光を照射し、透過または反射した光を分析し、物質の構造解析、定量分析を行う方法である。すでに述べた UV-VIS のような紫外可視光の場合の電子遷移による吸収とは異なり、それよりもエネルギーの小さい分子振動、回転運動のために赤外光は吸収される。これを利用して材料の分析を行うことができる。特にバイオフィルムのような材料表面に形成される物質の分析については、ATR 法（attenuated total reflection、全反射測定法）を使うと、表面分析として利用することができる。これはプリズムを試料表面に密着させ、試料表面で全反射する光を測定することによって、試料表面の吸収スペクトルを得る方法である。この方法を用いて材料表面の有機物を分析することができる。前章の図 7.4 に示されるような FT-IR の結果から明らかなように、細菌が形成するバイオフィルム由来のタンパク質、多糖などを分離して同定することがすでに可能である。そのため今後重要性が増すであろうと思われる測定法である。

8.15 ラマン分光法

一般に物質に光を照射すると、反射、屈折、吸収以外に散乱と呼ばれる現象が起こる。散乱には、レイリー散乱（弾性散乱）とラマン散乱（非弾性散乱）がある。レイリー散乱の場合は、入射光の波長と同じ波長の光が散乱されるが、これに対し、ラマン散乱は、入射光の波長とは異なる波長の光が散

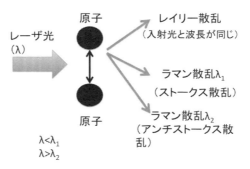

図 8.7 物質による光の散乱とラマン散乱

乱されるのが特徴である（入射光の波長より高い波長の散乱をストークス散乱、低い波長の散乱をアンチストークス散乱と呼ぶ。）。図 8.7 に模式的に示すように、レーザ光を試料に照射させ、レイリー散乱に比べて極めて微弱なラマン散乱を分析して分子構造を解析する手法がラマン分光法である。この方法を用いて、バイオフィルム中の EPS 内の様々な有機物の解析が可能となる。メタボライトの解析が FT-IR と並んで可能となるため、この方法も、これからのバイオフィルム解析の強力なツールの一つとなるであろう。

8.16　NMR（核磁気共鳴）法

　今から約半世紀以上前、1940 年代から 1950 年代に、Purcell 博士が率いる米国のハーバード大学のグループと、Bloch 博士が率いるスタンフォード大学のグループが、独立して開発した分析法であり、核磁気共鳴現象がベースとなっている。Purcell 博士と Bloch 博士はこの発見により 1952 年のノーベル物理学賞を受賞している。近年、複雑な天然物や人工高分子が関心事となるにつれ、これらの複雑な有機化合物の分子構造解析が NMR 分光法によって可能となり、さらに新しい発見への扉が開かれるであろう。この分析法は、スペクトルから分子を構成する原子一つ一つを区別し見ることができること、分子を構成する原子同士の結合を観察することができるという二点において、画期的な手法であるといえる。

第 8 章　新しいバイオフィルムの評価法－将来に向けて－

　核磁気共鳴現象は、定性的に述べると、次のような現象である。物質に強力な磁場をかけると、磁場がかからない状態ではバラバラに回転している原子核の核磁気モーメント（核スピン）が磁場の方向と、磁場とは反対方向に整列するようになる。磁場と逆方向のスピンは、磁場に逆らうために、同方向のスピンに比べてエネルギーが高くなる。ここにラジオ波を当てると、二つのスピン間のエネルギー差が与えられ、エネルギーの低いスピンが、高いエネルギーに跳ね上がる。この現象が核磁気共鳴である。この電磁波の吸収・放出過程を計測し構造解析に用いる方法が核磁気共鳴分光法（NMR 分光法）である。図 8.8 にその原理を模式的に示す。

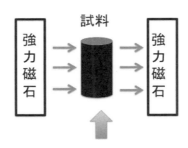

図 8.8　核磁気共鳴法の模式的原理図

　有機化合物の解析によく用いられるのは水素核 ^{1}H と炭素核 ^{13}C についてのNMR スペクトルであり、それぞれ ^{1}H-NMR、^{13}C-NMR などと表現される。バイオフィルムが形成されると、その中に存在するようになる細菌によって産出される多糖、e-DNA や、またこれらが形成する EPS 中のレドックス反応（酸化還元反応）によって、生成する各種有機物質、いわゆるメタボライトが複雑な系を形成していることが予想される。NMR 分光法もこの解析に大きく役立つことが期待され、今後の発展が期待される。

　以上にいくつかの分析方法について述べてきたが、これ以外にも蛍光 X 線など様々な分析方法が提案されており、それらを組み合わせたものも含めて、

今後もっと多くの、より普遍的かつ精度のいい分析方法が提案されていくであろう。それらは当初は研究用に用いられていても、汎用性が次第に出てきて、いくつかの改良を重ねたのち、工業的評価法として提案され、実用化されるかもしれない。日常生活の多くの現象にバイオフィルムが関与していることに私たちが気づきつつある現在において、バイオフィルムを的確に精度よく、また迅速かつ簡便に分析することは、重要な問題であり、今後ますます精力的に研究され精査されて開発されていくことが望まれる。

参考文献

[1] 兼松秀行，多くの資料から集約して表作成
[2] 兼松秀行，多くの資料から集約して表作成
[3] 間世田英明，生貝初，黒田大介，小川亜希子，兼松秀行，伊勢湾岸における鉄鋼材料海洋浸漬と付着微生物の遺伝子解析. CAMP-ISIJ, 2010. **23**: p.668-669.
[4] A. Ogawa, M. Noda, H. Kanematsu and K. Sano: 'Application of bacterial 16S rRNA gene analysis to a comparison of the degree of biofilm formation on the surface of metal coated glasses', Mater. Technol., 2015, 30, (B1), p.B61–B65.

あとがき

　さて、以上様々な角度からバイオフィルムとそれが引き起こす工業的な問題について、特に生物付着（バイオファウリング）や材料の腐食劣化、環境浄化（環境問題）、電池などへの応用など、エネルギー問題との関連、生体材料（医療材料）に焦点を絞り、現状をご紹介した。バイオフィルムという言葉を最近耳にすることが多くなったが、それは一体なんなのか、といった疑問をもたれて本書を手にした読者の方もおられたであろう。具体的なイメージが問題を通して明確になったことを願っている。

　また、バイオフィルムについて専門的な知識を持ち合わせていても、それが工業にどんな影響があるのか疑問に思っておられた方も読者の中にはおられたかもしれない。バイオフィルムは医学者によって発見された細菌が引き起こす現象であるが、材料なくしては存在し得ないものである。その点、まさにバイオフィルムは細菌学と環境学、そして材料科学の境界に存在する学際領域の科学の対象であるといって過言ではない。そのような方々に、実は遠い問題ではなく、工業における身近な日常的問題解決を図るためにバイオフィルムを理解することが必要であると思っていただければ大きな喜びである。

　さて、すでに述べたように、バイオフィルムが影響を与える工業的な問題は極めて広範囲に及ぶ。この本で取り上げたのはほんの一部にすぎない。おわりにこの研究分野の将来動向を考えるうえで、今後の材料科学において重要となるであろう未解決の問題で、取り上げることのできなかったトピックを一つだけ簡単にご紹介しようと思う。

　近年、環境との調和が声高に叫ばれるようになったことはご承知のとおりである。それは周りの大気、水、土を汚さず、様々な動植物や、人同士の協調をはかりながら、持続発展可能な社会を作り上げることである。このようなコンセプトでの材料開発には様々なものが考えられるが、そのうちの一つ

に壁面緑化という考え方がある。通常様々な構造物の表面は金属、セラミックス、ガラスやポリマーで作られた"壁"であり、無味乾燥で、まったく非生物的であるため、人の心に響くものでなく、その意味で環境と調和していないことを問題とし、これを解決するための工法である。壁面緑化では、上記の様々な非生物的材料表面に植物を成長させ、これを緑化する。このようにして、人、自然環境と調和した空間を作ることができるので、近年様々な場所に取り入れられ、用いられている。

現在行われている緑化方法の多くが、蔓などを壁面に添わせる工法であるようである。しかし、これとは異なり、非生物表面から直接植物が生育していくような、そんな"壁"が作れないものだろうか。これを金属、ガラス、セラミックス上で進行させることは普通に考えると難しいことであるのだが、ひょっとしてバイオフィルムが成長できる表面を作り上げることができれば、可能になるかもしれない。生成するバイオフィルム上に苔などが形成しやすくなり、根圏が形成され、より大きく成長する植物が生育できるようにならないだろうか。筆者らはそんなバイオフィルムの積極的工業利用とその後の展開を夢見ている。夢が実現する日が、近い将来くるかもしれない。

執筆者一同は皆、鈴鹿の地にあって、お互いに連絡を取りながら、こうした工業上へのバイオフィルムの影響とその材料科学、工学的な観点からの対策の重要性をこれまで議論し熱く語り合ってきた。今後はそれにとどまらず、広く読者の皆様に知っていただき、少しでもこの分野が発展充実していくことをわが国の産業界のために強く願っている次第である。思いと情熱がことのほか強いことが我々の共通の特徴であろうかと思われる。思い起こせば長年の歳月、我々を共同研究者としてつなぎ止めてきたものは、そういった情熱であったかもしれない。そんな我々であるので、実は思いが強すぎて、熱狂のあまり思いもかけない誤りが本書にあることをとても恐れている。誤りは謙虚に改めていきたいと思っている、忌憚のない読者のご意見をお聞かせいただければ幸甚である。

最後に執筆者にはお誘いできなかったが、我々にご賛同いただき、バイオフィルム研究をともにしていただいている共同研究者の方々、ならびに鈴鹿工業高等専門学校の皆さんから厚いご支援、ご声援を頂戴した。とりわけ、

私ども執筆者全員の所属長であり、常に暖かい励ましをくださった新田保次校長に厚く御礼申し上げる。また、米田出版の米田忠史氏には原稿の進展をいつも暖かく見守ってくださり、時に有益なる助言をいただき、しばしば遅れる原稿作成を気長に待っていただいた。これらの方々のご支援なくしては、本書は決して日の目を見ることがなかったと思う。末筆ながら厚く御礼申し上げる。

 2015 年　春

執筆者一同

事項索引

AHL　*20*
ART 法　*145*

EPS　*3,14,26,110*

MFC　*76*
MIC　*33*

NMR 法　*146*

photo MFC　*79*

Redox 反応　*114*

sediment MFC　*78*

VBNC 細菌　*141*

【あ行】

亜鉛　*67*
アクチノイド系元素　*69*
アルギン酸　*111*
アンチストークス散乱　*146*

イオン化　*143*
イオントラップ型　*143*
遺伝子解析　*139*

医療機器材料　*92*

内呼吸　*75*
運動性因子　*17*

オートインデューサー　*19,20*
汚損生物　*49*

【か行】

核磁気共鳴法　*146*
可視紫外分光法　*142*
加速質量分析　*144*
カドミウム　*68*
換気法　*60*
環境修復技術　*59*
環境修復プロセス　*58*
感染症　*85*

機器分析　*98*
吸着層　*4*
共焦点レーザ顕微鏡　*99,133*
金属イオン　*39,62*
金属元素　*62*
金属元素の除去　*64*
金属顕微鏡　*131*

クオラムセンシング　*4,19,20,105*

グラム染色　129
クリスタルバイオレット　96,128
クロム　64
群集解析　140

蛍光顕微鏡　98,133
蛍光染色　130
ケモタキシス　17
原位置浄化法　59
原子間力顕微鏡　102,138
光学顕微鏡　99,130,135
合成アルコール　73
抗生物質　91
固体汚れ　108
固着細胞　13
固着性　17
コンタクトモード　138
コンディショニングフィルム　4,17,26

【さ行】

細菌　86,88
細胞外重合物質　3,14,26
細胞呼吸　75
細胞粘着　88

色素　128
自己誘導因子　19
四重極型　143
施設外環境修復技術　61

施設外浄化法　59
自然減衰法　60
実体顕微鏡　131
シデロフォア　30
磁場偏向型　143
受水槽給水方式　41
水溶性汚れ　108
スケール　5,41
ストークス散乱　146
スライム　41
生体材料　43
生物学的還元　64
生物学的手法　95
生物学的染色法　130
生物吸収　64
生物顕微鏡　131
生物付着　26
赤外分光法　145
染色　127
染色法　96
全反射測定法　145

走化性　17,32
走査型電子顕微鏡　101,136
外呼吸　76

【た行】

堆積物微生物燃料電池　78
タッチパネル　118

タッピングモード　138
単式顕微鏡　132

通性嫌気性菌　31

定着因子　17
鉄酸化細菌　33
電極触媒型 photoMFC　80

銅　66
透過型顕微鏡　131,137
ドメイン系統樹　1

【な行】

燃料電池　74

ノンコンタクトモード　138

【は行】

バイオエタノール　73
バイオオーグメンテーション　60
バイオ水素　74
バイオスティムレーション　60
バイオ燃料電池　75
バイオファウリング　5,26
バイオフィルム　1,4,9,26
バイオフィルム形成　26
バイオフィルム細菌　2,89
バイオフィルム染色　130
バイオフィルムの可視化　11

バイオフィルムの構造　13
バイオフィルム評価法　95
バイオフィルムリアクター　121
バイオマス　73
バイオレメディエーション　57,65
白色干渉計　103,144
反金属　69

光微生物燃料電池　79
飛行時間型二次イオン質量分析法　143
微生物太陽電池　79
微生物燃料電池　75
微生物腐食　33,36,40
ヒ素　69
微分干渉観察法　144

フーリエ変換イオンサイクロトロン
　　共鳴型　144
複式顕微鏡　132
浮遊細菌　2,87
浮遊細胞　13
プラーク　22

ヘテロトロピック型 photo MFC　81
ヘリオスタット　120
偏性嫌気性菌　31

【ま行】

マクロファウリング　26
マクロ付着　26,49

ミクロ付着　*26,30*

メタボライト　*144*
メディエータ型 photoMFC　*79*

【や行】

油性汚れ　*108*

汚れ　*107*

【ら行】

ラマン分光法　*145*

硫酸還元菌　*33*
緑膿菌　*2,21,96*

レイリー散乱　*145*

〈著者略歴〉

兼松秀行

1986 年名古屋大学大学院工学研究科金属および鉄鋼工学専攻博士課程修了。現在、鈴鹿工業高等専門学校材料工学科教授。工学博士（1989 年）

生貝　初

1986 年東海大学大学院医学研究科博士課程修了。現在、鈴鹿工業高等専門学校生物応用化学科教授。医学博士（1986 年）

黒田大介

2001 年豊橋技術科学大学大学院工学研究科機能材料工学専攻博士課程修了。現在、鈴鹿工業高等専門学校材料工学科准教授。博士（工学）2001 年

平井信充

1994 年京都大学大学院工学研究科電子工学専攻修士課程修了。現在、鈴鹿工業高等専門学校生物応用化学科准教授。博士（工学）2000 年

バイオフィルムとその工業利用

2015 年 3 月 15 日　初　版

著　者　　　　　兼 松 秀 行・生 貝　　初
　　　　　　　　黒 田 大 介・平 井 信 充
発行者　　　　　米　田　忠　史
発行所　　　　　米　田　出　版
　　　　　〒272-0103　千葉県市川市本行徳 31-5
　　　　　電話　047-356-8594
発売所　　　　　産業図書株式会社
　　　　　〒102-0072　東京都千代田区飯田橋 2-11-3
　　　　　電話　03-3261-7821

© Hideyuki Kanematsu　2015　　　　　中央印刷・山崎製本所

・JCOPY ＜(社) 出版者著作権管理機構　委託出版物＞
本書の無断複製は著作権法上での例外を除き禁じられています。複製される場合は、そのつど事前に、(社) 出版者著作権管理機構（電話 03-3513-6969、FAX 03-3513-6979、e-mail：info@jcopy.or.jp）の許諾を得てください。

ISBN978-4-946553-60-8　C3045